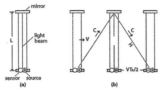

THE INFINITE TORTOISE

The Curious

Thought

Experiments of

History's Great

Thinkers

思想实验

当哲学遇见科学

（英）乔尔·利维◎著

赵　丹◎译

Joel Levy

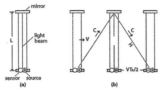

化学工业出版社

·北京·

《The Infinite Tortoise：The Curious Thought Experiments of History's Great Thinkers》，1-1，edition/by Joel Levy.

ISBN 978-1-78243-637-9

Copyright© 2016 by Joel Levy. All rights reserved.

Authorized translation from the English language edition published by Michael O'Mara Books Ltd.

北京市版权局著作权合同登记号：01-2018 -5730

图书在版编目（CIP）数据

思想实验：当哲学遇见科学／（英）乔尔·利维（Joel Levy）著；赵丹译.—北京：化学工业出版社，2019.1（2024.11重印）

书名原文：The Infinite Tortoise：The Curious Thought Experiments of History's Great Thinkers

ISBN 978-7-122-33482-4

Ⅰ.①思…　Ⅱ.①乔…②赵…　Ⅲ.①科学哲学－研究　Ⅳ.①N02

中国版本图书馆 CIP 数据核字（2018）第 286654 号

责任编辑：罗　琨　　　　　　　　装帧设计：韩　飞
责任校对：宋　夏

出版发行：化学工业出版社（北京市东城区青年湖南街13号　邮政编码100011）
印　　装：三河市双峰印刷装订有限公司
880mm×1230mm　1/32　印张7　字数183 千字
2024年11月北京第1版第10次印刷

购书咨询：010-64518888　　　　售后服务：010-64 18899
网　址：http://www.cip.com.cn
凡购买本书，如有缺损质量问题，本社销售中心负责调换。

定　　价：39.80元　　　　　　　　　版权所有　违者必究

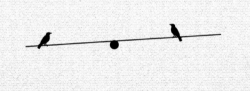

INTRODUCTION 引言

　　思考一个难题最好的方法是什么？该怎样研究有关自然、道德以及形而上学的大问题？怎样给出富有创造性的回应、挑战被认为是标准的概念、消除偏见及先入之见？一种方法便是利用问题本身，以一种富有创造力和洞察力的方式来构建它，以明晰取代混乱，变晦涩为直白——这是"实验"的目的所在。而在现代，所谓的"实验"，意味着一种在现实世界中通过物理手段实现的实际操作，通常与科学领域密不可分。但是，它还有许多更为宽泛的定义，如"一种能保持绝对理智，又可发挥想象的思维方式"。爱因斯坦将此种"实验"称为"思维实验 (Gedankenexperiment)[1]"或"思想实验"。而在本书中，"实验"还包含了悖论以及类比，如为了阐明逻辑矛盾并推动理论突破瓶颈，用于举例说明、测试以及梳理论证和假设的设想。

　　尽管这看上去像是室内智力游戏，但是，思想实验可是件严

1　Gedankenexperiment：这个词是德语，意思是"思维实验"，它是大名鼎鼎的理论物理学家爱因斯坦发明的术语，用来描述他头脑中的概念性实验。正是这些思维实验，帮助他创造了相对论。

肃的事。根据美国哲学家 W.V.O. 奎因的研究，它们已经成为"诞生于思想地基之上的重要重建时机……在历史上出现过不止一次……"而英国哲学家马克·塞恩斯伯里也曾写道："在历史上，它们（思想实验）与思想危机及革命性进步联系在一起。因此，进行思想实验不仅是参加某种智力游戏，更是抓住关键问题的过程。"

思想实验有助于塑造哲学的任一形式——自然、道德以及形而上学——促成从无限性到相对论、从地心引力到时间旅行、从自由意志到宿命论、从不确定性到现实性概念的诞生。它们可能具有破坏性，有助于驳倒某些理论及没有事实根据的假定，颠覆教条及世界体系；它们可能具有说明性，如阐明某个理论或论证怎样才是合理的；它们可能具有建设性，如根据前提证明结论，构建可能世界的心理模型，令理论及发现的含义更加充实和具体。

思想实验的特征为：借具体且生动的意象架构司空见惯的场景（一头站在两捆干草之间的驴；一个留着"地中海"发型的男人），直至匪夷所思的怪象（某位熟睡的女性在醒来后发现，她的身体竟被连到了一位著名的小提琴家身上，仿佛经历了一场诡异的外科手术；阿喀琉斯与一只乌龟赛跑）。这些场景虽妙趣横生，却也令人抓狂。不过对爱因斯坦来说，这正是自己在脑海中构筑的"思想实验"的关键所在。他将"思想实验"描述为"……构成哲学的实体……或多或少能够被重现或组合的……清晰图像"。而这种"图像组合游戏",被他视作"自我思想的本质特征"。

　　本书将为读者展示那些伟大科学家脑海中的"图像组合游戏"。例如,从在"不移动"状态下运动的时间箭头到保持不变却又处于变化之中的船;从恶魔、僵尸、沼泽人[1]到色盲科学家[2]、有预知能力的警察、不存在的猫[3],等等。

1　沼泽人(swampman)思想实验是 1987 年美国哲学家唐纳德·戴维森提出的思想实验,常常用于思考"我到底是什么"这一自我认证的命题。

2　色盲科学家,指约翰·道尔顿(John Dalton),英国化学家、物理学家。近代原子理论的提出者。他所提供的关键的学说,使化学领域自那时以来有了巨大的进展。附带一提的是道尔顿患有色盲症。这种病的症状引起了他的好奇心。他开始研究这个课题,最终发表了一篇关于色盲的论文——曾经问世的第一篇有关色盲的论文。后人为了纪念他,又把色盲症叫做道尔顿症。

3　不存在的猫:这里指薛定谔的猫(量子力学思想实验),这是奥地利著名物理学家薛定谔提出的一个思想实验,试图从宏观尺度阐述微观尺度的量子叠加原理的问题,巧妙地把微观物质在观测后是粒子还是波的存在形式和宏观的猫联系起来,以此来证观测介入时量子的存在形式。

CONTENTS 目录

壹 自然世界

贰 心灵是如何工作的?

何以为善

肆 我们能够知道什么？

壹

CHAPTER ONE

自然世界

　　科学的根源在于自然哲学（关于自然世界的研究），从关于运动的数学运算到时空的未解之谜应有尽有。而在自然哲学中，思想实验已被证明是至关重要的强有力工具，能够助推创造力的爆发和对现实本质的深刻洞察。

芝诺悖论之"阿喀琉斯与乌龟"

约公元前 420 年

在阿喀琉斯与乌龟间进行的一场赛跑中，如果乌龟比阿喀琉斯先行一步，那么等阿喀琉斯到达乌龟先前到达的地点时，乌龟已经又向前移动一段了。由于阿喀琉斯永远会先到达乌龟之前所在的地点，所以他永远追不上乌龟。

这个悖论是古希腊哲学家芝诺提出的诸多悖论之一，它看似合理地论证了"飞毛腿"阿喀琉斯可能永远追不上呆笨的乌龟。相传芝诺一生都生活在意大利南部的一个名为埃里亚的希腊殖民地，有关他的生平和成就都鲜为人知，但他提出的这一悖论，却以"阿喀琉斯悖论"为名而广为人知：赛跑时，较慢的一方永远不会被较快的一方超越。那是因为，追逐者必须首先抵达领跑者出发的地点。因此，较慢的一方必然永远领先较快的一方若干距离。如图所示。

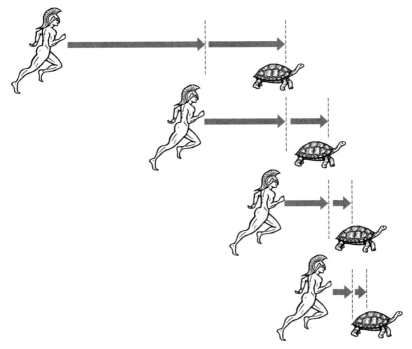

乌龟永远领先一步

微小的步伐

通常，为了详细阐述该悖论，会在阿喀琉斯与乌龟间虚构一段对话：当狡猾的乌龟向古希腊英雄阿喀琉斯挑战赛跑时，阿喀琉斯哈哈大笑，并爽快地同意让乌龟先跑 10 米。假设阿喀琉斯的奔跑速度是 10 米 / 秒，而乌龟只有 1 米 / 秒，因此他预计自己将在 1 秒后赶上乌龟。

难道不是吗？

"并非如此。"乌龟喊道，"我先行，所以必将击败你。"说罢，乌龟便侃侃而谈。它认为，起跑后 1 秒钟，阿喀琉斯将到达 10 米处的标示点，即乌龟出发的地方。但当他到达这一点时，乌龟将到达 11 米处的标示点。而当阿喀琉斯到达 11 米处标示点时，又将耗费 0.1 秒，但此时乌龟已跑了另一个 0.1 米。同理，阿喀琉斯需要 0.01 秒跑完这段距离，而乌龟又跑了一个 0.01 米。依此类推，每当阿喀琉斯到达乌龟最后所在的地点时，后者又会再向前移动一段极小的距离。至此，伟大的战士承认被他的龟类敌人打败了，而这正是令人困惑之处。

存在与变化

相传"阿喀琉斯悖论"是芝诺曾在一本书中讲述的四十个悖论之一。而那本书中提到的悖论，有少数几个被保存下来，且因在他人的著作中被提及而为人所知。据说这些悖论是芝诺为维护自己的导师巴门尼德的理论所提出的。巴门尼德是以诡辩著称的埃利亚学派的创始人，公元前 15 世纪初，他是古希腊世界的哲学研究门派的领袖之一。巴门尼德论证了一种一元论哲学，主张"一切即一"，现实是单独的、恒常的、不变的、永恒的存在。在宇宙中，变化以及多样性的表象都是虚幻的，因此变化和分割终将成为非存在的一部分，最终化作"不可能"。

由于运动是变化的一种形式，芝诺便提出了多个悖论来证明它是不可能的，"阿喀琉斯悖论"就是典型例子之一。事实上，由于芝诺的原始工作并没有很好地留存下来，想要了解他的本意究竟为何成了天方夜谭。因此，后人根本无法充分、客观地衡量其理论价值。比如有些学者就认为，芝诺的悖论不过是巴门尼德哲学简单化阐述的拙劣模仿。

"飞矢不动"与"二分法"

另两个存世的芝诺悖论是"飞矢不动"与"二分法"。其中，"飞矢不动"是这样被阐述的——"如果我们认为：对所有事物来说，当它占据与自身相等的空间时，它要么是静止的，要么是运动的；且物体的运动永远是瞬时发生的，那么运动的箭头是静止的。"将这个拗口的叙述简化一下，其实它的意思是说：对处于飞行状态的箭头，如果我们想要测量它所占据的空间，可以将其飞行时间分割成无数段，而它在每段时间里占据的空间等于它自身的空间。因此，正在飞行的箭头符合静止的定义。换句话说，想要断定箭头到底是在运动还是静止，根本是不可能的！由此，运动的概念也随之崩溃了。

现在来说"二分法"。"二分法"与"阿喀琉斯悖论"密切相关，通常表述为："运动是不存在的，因为处于运动状态的物体在到达终点之前，必先到达中间位置，如此循环往复，永无止境。"例如，若你想从房间的一边走到另一边，就必须先走到中间位置（即中点）；但是，想要到达中点，你必须到达起点与中点间的中点（即四分之一点）；但是，想要到达四分之一点，你必须先走到房间的八分之一处。如此循环往复，永无止境。如果用分式来表示这一过程，即：

$$1/2+1/4+1/8+1/16\cdots\cdots$$

在数学领域中，这种形式被称为无穷级数，而它正是解释芝诺悖论的方法之一。如果对式中的所有分数（或在"阿喀琉斯悖论"中，阿喀琉斯追上乌龟所需要的距离）求和，得到的终会是一个有限的数。例如，对上式来说，无论怎样延续下去，其和必定无限接近于 1。所以我们会发现，在阿喀琉斯与乌龟赛跑的例子中，如果阿喀琉斯以 10 米 / 秒的速度奔跑，而乌龟以 1 米 / 秒的速度奔跑，阿喀琉斯将会在任何距离超过 11.11… 米或时长大于 1.11… 秒的比赛中获胜。无穷级数的发展在数学界掀起了一场革命，帮助人们打开了微积分和运动学的大门。

最终极限

跳脱关于运动的芝诺悖论的另一种方法是，挑战其基本假设之一，即时间和空间是无限可分的。例如，认为它们可被切割为无数个大小递减的小块。但物理学家们有不同意见，他们认为时间与空间不可无限分割。为此，他们用普朗克常数[1]定义了时间和空间的最小可测量单位（即普朗克时间与普朗克长度）：普朗克时间约为 10^{-43} 秒，而普朗克长度约为 1.6×10^{-35} 米。

但有些哲学家认为，物理学家以此来回应芝诺有失妥当，因为这并未切中芝诺理论的实质。活跃于 20 世纪的英国哲学家伯兰

1　普朗克常数：以德国物理学家马克斯·普朗克命名。普朗克常数记为 h，是一个物理常数，用以描述量子大小，在量子力学中占有重要的角色。马克斯·普朗克在 1900 年研究物体热辐射的规律时发现，只有假定电磁波的发射和吸收不是连续的，而是一份一份地进行的，计算的结果才能和试验结果相符。

特·罗素[1]就认为，在芝诺的时代，他并未受到应有的欣赏，因此才被形容为"后人缺乏判断力的知名受害者之一""其后的哲学家眼中'不值一提的聪明骗子'"。同时罗素还主张，由于悖论已在"长达两千多年的批驳中"幸存下来，所以它无疑"为数学的复兴奠定了基础"。

汤姆森的灯

1954 年，英国哲学家詹姆斯·F.汤姆森设计了一个思想实验，而这可看作是有关运动的芝诺悖论的"现代版"。在这个实验中，汤姆森假想了一盏能够在极短时间内打开或关闭的灯。他假设灯一开始是关着的，1分钟后将它打开，1/2 分钟后关上，1/4 分钟后再打开，1/8 分钟后再打开……以此类推。由此，这些时间间隔构成了一个总和为 2 的无穷级数。但汤普森的疑问是：在 2 分钟结束前一瞬间，灯到底是开着还是关着的？如果假设灯在最开始时是开着的，对结果又有什么影响？对汤普森来说，这是他正在研究的"超级任务"的理想实例之一。所谓"超级任务"，是指"通过完成无穷尽的任务以达到总体目标"。所以，汤姆森构想该实验的目的是，说明"超级任务"在逻辑上站不住脚，所以它并非一个有效的概念。

---

1 伯兰特·罗素：二十世纪英国哲学家、数理逻辑学家、历史学家，无神论者，也是二十世纪西方最著名、影响最大的学者和和平主义社会活动家之一。

伽利略的球

1628

———

为了反驳亚里士多德"物体下落速度与其质量成正比"的独断理论，伽利略把球或石头绑在一起，以此为基础设计了一个简单的思想实验。

在中世纪的欧洲，名为"经院哲学"的学派支配着学习方法和自然哲学，其理论甚至成了基督教会的官方教义。"经院哲学"的中心原则是，纯粹而抽象的理性是通往知识与真理的唯一路径；而经验主义（即在真实世界里通过观察和实验进行学习）是被鄙视的。古希腊哲学家亚里士多德的研究理论成为"经院哲学"的学术基础。

重物

亚里士多德的核心思想之一是"第一动者"，即"所有运动

思想实验：当哲学遇见科学

中的事物必然被某物所驱动"。亚里士多德坚称,一切运动产生的根源便是第一动者。此外,亚里士多德还试图通过诉诸自然属性或元素的趋向性来解释世间万物。例如,重物会向下坠落,火焰会向上燃烧,河流会奔向大海。

亚里士多德进一步指出:下落的本质是沉重的物体总能比轻盈的物体更快地找到到它们的自然位置,换句话说,物体越重,下落速度越快。这理论表面上的确是很符合逻辑的。如果你一只手拿着沉重的物体,另一只手则拿着较轻的物体,你的确能感觉到,沉重的物体施加了更大的压力。但当你放手后,它一定比轻的物体坠落得更快吗?

16 世纪至 17 世纪,"科学革命"到来,一场对经院哲学与亚里士多德学派的攻击不期而至——人们抨击其对纯粹理性过分依赖,脱离了经验主义。甚至连当时最伟大的人物之一,意大利数学家、物理学家、天文学家伽利略·伽利雷(1564 ~ 1642)也被卷入其中。具有讽刺意味的是,对亚里士多德学派最为猛烈的攻击之一,恰恰来自一个依赖"纯粹理性"的思想实验——仅使用理性思考发现逻辑矛盾,以及亚里士多德有关下落物体学说的内在谬误。

一个简短的决定性论证

伽利略一生中攻击过亚里士多德学说的多个方面。比如"地心说"(认为地球是宇宙的中心)和"天堂是永恒不变的"。然而,他最广为人知的功绩，是从比萨斜塔上抛落物体，来测量它们下落的速度（参阅"反对亚里士多德"实验）。1628 年，伽利略的著作《关于两大世界体系或者两门自然科学的对话》发表，其中不仅介绍了上述一系列故事，还阐述了那个通过连接小球实现的思想实验。伽利略沿用经典模型，虚构了一段发生在老派亚里士多德学说的坚定拥护者辛普利西奥与提出疑问的新学派"代表"萨尔维亚蒂之间的对话，来阐述他的论证过程。

萨尔维亚蒂：尽管没有进一步的实验可以清楚地证明，但借助这个简短且具有决定性的论证，的确无法证明重的物体比轻的物体下落得更快……

辛普利西奥：毋庸置疑，每个物体的下落速度都是固定的，这是由自然决定的。

萨尔维亚蒂：那么，根据亚里士多德所说，如果找两个速度不同的物体，并将它们连在一起，那么速度快的物体将在一定程度上被速度慢的"拖累"；反之，速度慢的物体将或多或少被速度快的带动。你同意我的看法吗？

辛普利西奥：毫无疑问，你是对的。

萨尔维亚蒂：但是，如果这是真的，假设某块大石头的速度为 8（未指明单位），而小石头的速度则为 4（未指明单位）。那么，当我们把两块石头拴在一起时，这一物体的速度应小于 8 且大于 4。但是，两块石头拴在一起后，肯定比原来的大石头重，其速度应该大于 8 才对。所以，这间接证明了，重的物体的速度比轻的小。你看，这与你的假设可完全相悖。所以，辛普利西奥，我们必须要好好研究一下：为什么两块大小迥异的石头，却能以相同的速度下落？

辛普利西奥：你的观点令人敬佩。但我仍不能相信一颗子弹会与一枚炮弹以同样的速度下落。

"反对亚里士多德"实验

1590 年前后，伽利略的秘书兼挚友温琴佐·维维亚尼证实，伽利略的确用两个不同质量的球，在比萨斜塔上进行了自由落体实验。但伽利略并不是第一个做此实验的人。如 1568 年，西蒙·斯蒂文与扬·德·格鲁特就受过往记录的启发，在荷兰完成了一个与之相似的"反对亚里士多德"实验。虽然人们一直怀疑伽利略是否真的从比萨斜塔上扔了球，甚至习惯性地将其视作虚构传说。但是，维维亚尼披露了实验的具体细节，尤其是与亚里士多德甚至当今科学界的结论明显相悖的发现——较轻的球先接触地面，以此来证明伽利略确实完成了实验。现如今，在高速摄影机的帮助下，科学家们还原了伽利略的实验，这才得知了真相：当伽利略试图让不同质量的小球同时下落时，由于握重球的手更用力，导致释放时慢了些，这才让轻球比重球先接触地面。至此，伽利略那跨越上百年的诡异结论终于得以证明。

等效性原则

萨尔维亚蒂想要解释的，是由亚里士多德那"重的物体比轻的物体下落得更快（假设重的物体速度为 H，轻的为 L，那么 $H > L$）"而产生的两个自相矛盾的结论。如果我们把轻石头（L）绑在重石头（H）上，按照亚里士多德的理论，重石头在下落时会受轻石头的"拖累"，导致其下落速度变慢（$H > H + L$）；另一方面，两块石头相连后得到的复合物体比其中任何一块都重，而重的物体下落速度总比轻的快，所以它的降落速度理应加快（$H + L > H$）。由此，矛盾产生。若想解决这个矛盾，唯一的方法就是假定它们以同样的速度降落，即 $H = L = H + L$。而这正是"等效性原则"：对任一物体来说，无论它们的质量或组成为何，均会以同样的加速度降落。

牛顿大炮

1687

——

在高山上架设一门大炮，倘若击发一枚炮弹，它在飞行一段时间后必将落于地表。那么，如果炮弹的速度足够大，由于地球是圆的，它将绕着地球表面飞行、永不掉落。

艾萨克·牛顿曾用许多思想实验来阐释和总结其科学原理及发现。那个在民间广为流传的"苹果掉下来砸到头，竟促成了万有引力的发现"的传说，牛顿在后来的思想实验中也略有提及（详见"牛顿的苹果"）。1687 年，牛顿撰写了《自然哲学的数学原理》[1] 一书，其中提到了一个名为"我的幻想"的思想实验。那是在 1679 年，牛顿受他在科学界的"一生之敌"——罗伯特·胡克[2] 的启发，想象了如下场景：倘若一个掉落在地球表面（从而做

1　《自然哲学的数学原理》：2006 年商务印书馆出版的图书，是英国伟大的科学家艾萨克·牛顿的代表作。成书于 1687 年。全书共分五部分。

2　罗伯特·胡克：英国科学家，又译罗伯特·虎克（Robert Hooke，1635 年 7 月 18 日—1703 年 3 月 3 日），英国博物学家，发明家。

因行星旋转引发的横向运动）的物体能够畅通无阻地向地心坠落，将会发生什么呢？牛顿认为这个物体将会沿螺旋形的运动轨迹，在经过数次旋转后停在地心。可随后罗伯特·胡克便提出了不同看法，他认为该物体的运动轨迹将呈椭圆形，并以一种"上升与下降不断交替"的方式旋转。

球体内的地球

1666 年起，牛顿开始运用思想实验，为研究在重力作用下沿特定轨道运动的物体指明方向。最终，他将在重力作用下沿圆形轨道运动的物体的运动规律以数学形式表达出来。在那个时代，这一成就使他将同时代的诸多科学家远远地抛在身后。该思想实验的过程很简单。首先，他想象出一块石头被拴在绳子末端的场景。如果在此时放开绳子，石头将沿其运动轨迹的切线方向飞出（此力是向外的，将石头推了出去，所以被看作减弱力），由于小球被绳子牵引，因而受反方向的向心力（或引力），其运动轨迹就成了（弧形）轨道。

为了计算这一过程中涉及的力，牛顿又设计了一个思想实验，即"在一个球体内旋转的地球"。经过复杂的计算，牛顿得出了如下结论：地球在球体表面施加的压力与球体的大小间存在一个平方反比的关系。这为他提出著名的"平方反比定律"奠定了基础（两个物体间的万有引力与它们间的距离成平方反比）。

后来，当牛顿最终完成《自然哲学的数学原理》时，他已经能够清晰地阐述万有引力到底有多大，以至于月球围绕地球转动时，既不会撞上它，也不会飞离到外太空。如果这个力（万有引力）太小了，它将不足以使月球摆脱直线运动；如果它太大了，将使月球偏转过多，从而将它从自己的轨道吸引到地球上来。

与地面擦肩而过

为了更好地阐述自己的观点，牛顿在书中描述了一个广为人知的思想实验——"牛顿大炮"，也被称为"响彻世界的射击"。在该实验中，牛顿想象出如下场景：在高山上架设一门大炮，水平击发一枚铅制炮弹……炮弹可能不会落到地面上，而是始终向前，直至飞入太空。那么我们可以假设，有这样一枚水平射出的炮弹，其落地的时间与从同样高度自由落下时相同。我们都知道，炮弹水平移动的距离是由被射出时的初速度决定的。那么，如果炮的位置足够高，并且能为炮弹提供足够大的速度，那么炮弹将落在距此无限远的地平线上。以此类推，如果炮弹的速度大到一定程度，其受到引力影响下落的距离正好等于呈弧形的地球表面"下陷"的距离，那么它与地球间的距离将保持不变，并围绕地球旋转。借用道格拉斯·亚当斯[1]的《银河系漫游指南》中的一语：炮弹向地球坠落，却与地面擦肩而过。

结果正如牛顿所阐述的那样，这样一颗加农炮弹果然无休止

1　道格拉斯·亚当斯：生于英国剑桥，英国广播剧作家、音乐家，尤其以《银河系漫游指南》系列作品出名。这部作品以广播剧起家，后来发展成包括五本书的"三部曲"，拍成电视连续剧。亚当斯逝世后还拍成电影。亚当斯自称为"极端无神论者"。在去世以前，他是一位非常受欢迎的演讲者，尤其是在科技和环保等题材方面。

地绕着地球旋转（假定不存在空气阻力）。而这实际上就是月球正在做的事：它持续向地球的中心坠落，但由于其侧向移动速度过快，使得它永远与地球擦肩而过。而想让这样一颗炮弹以圆形轨道绕行地球，其速度必须在 16000 英里 / 小时左右。如果我们在月球上，由于月球比地球小得多，重力也会轻得多，再加上没有大气层，那么对一颗 220 斯威夫特子弹来说，如以1200 米 / 秒的初速度被击发，它将绕着月球整整一圈，最终击中射手的后脑勺。

牛顿的苹果

关于艾萨克·牛顿最著名的传说，正是他精心编排的一个小故事：牛顿在被一颗苹果砸中脑袋后，发现了万有引力的存在。而牛顿的外甥女婿约翰·康杜特[1] 则讲述了该故事的另一个版本："当牛顿在花园中沉思时，他突然想到，万有引力的力量（比如让苹果落地）如果不仅局限于物体与地球间的距离，而会延伸到比人们想象中远得多的距离会如何呢？他不住地问自己：'为什么不能像月球那么远呢？'"

换句话说，牛顿对重力的思考，是被基于"掉落的苹果与月球轨道"的类比所激发的（我们也可以将其视作某种思想实验）。对一颗长在树上的苹果来说，它与树以共同的速度水平移动——因为它们也在跟随地球轨迹移动。那么，当苹果从树枝上掉落时，

1　约翰·康杜特：牛顿在皇家造币厂时的助理，同时也是牛顿的外甥女婿。

为什么它不沿切线方向飞入太空呢？因为重力会将其向地心吸引。以此类推，同样的力也会阻止月球沿切线方向飞离。那么，这样一个力，是怎样独自在大小迥异的范围内作用的呢？要知道，一个苹果与地面间的距离和某个星体与地球间成百上千千米的距离可是天壤之别。

牛顿在阅读伽利略的研究时，得知了苹果自由落向地球表面的加速度。此外，他还从"在一个球体内的地球"的思想实验中得知，自己能计算出让星体不脱离轨道所需的力的大小。如果他将地月间的距离和地球上重力的大小代入自己推出的方程式中——换句话说，如果他能找到"让月球保持在轨道上的必需的力与地球表面的重力"的关系——它们会满足他提出的平方反比定律吗？事实上，最初几次尝试给出的答案并不令人满意，因为牛顿使用的地月间的距离是错误的，但多年以后，当牛顿使用了更为精确的数据重新计算时，他终于可以自豪地说："我发现，它们给出的答案非常完美。"

荒野之时

1802

——

如果你看到某种复杂的设备，比如一块表，一定不会理所当然地认为它是随机生成的，而更愿相信其出自某人之手。以此类推，生物体的复杂构成，正是它们出自某些聪慧造物主之手的所谓证据。

这一类比又被称为"荒野之时"，其出自威廉·佩利的著作，是"现代版"对上帝存在的目的论证，甚至目的论（"目的论"，源自希腊词根 *telos*，意为"目的"）本身的基础。威廉·佩利是一名 18 世纪的传教士，他通过先进的科学设备（例如显微镜），逐渐揭露生物界纷繁复杂的本质，并将其与手表那样的复杂设备进行类比。在他 1802 年的著作《自然神学》中，他想象自己正"穿越一片荒野"，假定了"跌跌撞撞地跨过一块石头"的场景，以说明"（石头）'始终横卧于此'合情合理"，并与如下场景进行对比：

假如我发现地上有一块表，那么我应该研究一下，这块表为何会碰巧出现在那儿。我几乎无法相信……表可能一直都在那儿。

真正的原因

即使承认这块表是某对手表的后代，佩利断言："理性上没人愿意相信，那些无感情的、无生命的'父母'表……是我们大肆赞美这一机械的真正原因。"换句话说，造就表上那些精巧设计的"真正原因"一定是某位钟表匠。"存在于表中的每一设计体现，"他写道，"同样存在于自然界的运作之中。"因此，自然界必定是某位设计者的作品。

在达尔文通过"自然选择[1]"阐明进化机制前的数年间，佩利撰写了无数专著。但是，达尔文主义并未让佩利理论的信徒动摇分毫。哪怕是现在，佩利理论的拥趸仍与日俱增。而佩利理论的"现代版"正是"智能设计"（ID）运动，其断言，诸如人类的眼睛或鸟类的翅膀这样的生物学结构是复杂且无法简化的。换句话说，只有当它们的所有部件和系统结构都为当前形态时，才能正常发挥作用；而当其处于"原型"的中间阶段时，是不可能发挥作用的——如某个有关进化论的研究中假设的那样。显而易见的是，"智能设计"运动认为：上述结构是"智能设计"存在的证据，同时也说明了设计者的存在。

---

1 自然选择：指生物在生存斗争中适者生存、不适者被淘汰的现象，最初由 C. R. 达尔文提出。

拙劣的设计

佩利的类比推理是建立在毫无根据的假定上的谬误，因此，我们可以通过许多方式说明其不成立。它的核心假设是：自然可类比为钟表，所以它可能也是被设计出来的。但宇宙真像被设计出来的吗？自然界中那些拙劣的设计又是怎么回事？这里仅举一个例子，对许多成年人来说，他们的下颚太过狭窄，以致容不下所有牙齿，所以智齿必须被拔除。因此"不可简化的复杂性"便随之化为尘埃。又如，对鸟类的翅膀来说，就存在明显的化石证据，而这恰恰属于智能设计运动坚称的"不可能存在的中间阶段"。实际上，基于自然选择的进化强有力地解释了复杂性是如何脱离设计而出现的，以及为什么其诞生过程绝对不是随机的。

此外，目的论证还有诸多无法克服的障碍，有神论者口中的"物理恶魔问题"就是其中之一：比如，当自然灾害和疾病降临到无辜者头上时，罪人却逃过一劫。类似的问题还出现在动物世界，正如约翰·斯图尔特·米尔所说："如果在造物过程中，每个特殊设计都有其标志的话，那么最明显的'设计产物'之一是，大部分动物都应通过折磨和吞食其他动物延续其存在。"对在"被设计的"宇宙里过得如鱼得水的物理恶魔，我们只能想当然地认为，要么是设计者本身充满恶意，要么是我们无法理解其存在的意义为何。因此该例说明，目的论证实际上是在自我反驳。

思想实验：当哲学遇见科学

稀有性论证

目的论颇具吸引力的原因之一在于，我们都认为，地球上生命的进化是一种伟大的"侥幸"，因为一系列事件的发生，实际是在为智能生命的进化铺路。到目前为止，在宇宙的漫长历史中，没有相关证据表明这种情况是普遍存在的。宇宙有时会被称为"'金凤花姑娘[1]'宇宙"，这是因为，倘若诸多基本物理常数与现在不同，我们所熟知的事物将永远不会进化。技术的支持者认为，类似情况将降低智能生命进化的概率，且不可能是随机因素造成的。

这是目的论的另一个谬误之处，有时也被概括为"稀有性论证"。在《数盲：数学无知者眼中的迷茫世界》（*Innumeracy:Mathematical Illiteracy and Its Consequence*）一书中，约翰·艾伦·保罗士指出，在打桥牌时，刚好抓到自己想要的一把牌的概率小于 6000 亿分之一。但"对某人来说，如果他在抓牌前，经过谨慎的思考、精确的计算，发现抓到想要的一把牌的概率连 6000 亿分之一都不到，于是便断定自己根本抓不到那把牌，因为概率实在太低。而这无疑是十分荒谬的。"

---

1 金凤花姑娘（Goldilocks）：美国童话中的角色，由于她喜欢不冷不热的粥、不软不硬的椅子等"刚刚好"的东西，所以在美语里表示"刚刚好"。所以此处其意为"宜居"。

拉普拉斯妖

1814

———

如果宇宙的未来是由它过去和现在的状态所决定的，那么，倘若某个存在掌握了足够多的信息，便可使用物理定律来确定宇宙的全部历史。

这个推测被称为"拉普拉斯妖"，由法国天文学家、数学家皮埃尔·西蒙·拉普拉斯提出，是哲学立场或信仰的逻辑产物——也就是为人所熟知的决定论。决定论认为，结果是由某些原因所造成的，而我们可以通过多种方法来准确预测，所以未来必然是由过去所决定的。

先知

"拉普拉斯妖"的起源可谓说来话长，最早可以追溯到古典时代。古罗马政治家西塞罗[1]就曾在他关于斯多葛学派的讨论中，提出过一种版本的决定论。西塞罗在其专著《关于占卜》中提出，斯多葛学派相信："倘若某个凡人能够通过思考发现所有原因间的相互联系，那么没有什么能从他眼中逃脱。因为他既然知道事情发生的原因，就必然知道其未来走向。"而西塞罗口中的"凡人"，其实就是"拉普拉斯妖"的直系祖先。

物理决定论相信，自然法则是有规律、有序且可预测的。而在机械宇宙理论的飞速发展下，物理决定论在"科学革命"中前进了一大步。1605 年，德国天文学家、数学家约翰尼斯·开普勒写一道："如果把天空比作一种机械，那么它就像……一座钟。"如果宇宙真像钟表那般运行（比如，在钟表的内部结构中，齿轮的旋转和咬合使得指针的移动是精确与可预测的），那么，所有的自然现象都是由物理定律所决定的。莱布尼茨写到，由于"'每一件事'都是遵照数学规律进行的"，这意味着"如果某人能够充分洞悉事物的内在，并拥有足够的记忆力和智慧考虑到所有情况并深入思考，那么他将成为一位先知——他在当下注视着未来，就像在照镜子一样"。

世事有常

在物质的原子理论的发展上，牛顿取得了突破，他认为在原子层面上，宇宙遵循着一种类似"台球"的模型，因为原子的碰

1　西塞罗：古罗马著名政治家、演说家、雄辩家、法学家和哲学家。

撞和运动是由力和向量所决定的。倘若在一次碰撞前，我们就已知道微粒所受的力和向量，就可能计算出其后来所受的力和向量。18世纪的塞尔维亚科学家罗杰·约瑟夫·博斯科维奇想象出了一种类似莱布尼茨所说的"预言家"的实体。他认为，尽管这样一个计算的复杂程度，要"远超人类智慧的力量"，但至少"问题是确定的……并且要有一个具备如此才能的大脑……'才可能'预见所有必要的后续运动及状态，并且预测出必然随之发生的全部现象"。

其实，拉普拉斯早在《哲学随笔》[1]中，就已经预言了"拉普拉斯妖"的诞生：

我们应该把目前宇宙所处的状态视为其过往状态的结果，以及其未来状态的原因。智者清楚知晓在某个给定的瞬间，自然界中的所有作用力以及宇宙万物的瞬时位置，由此，他可以通过一个简单方程了解到上至宇宙中最大的星体、下至世界上最小的原子的运动。这说明他已经拥有了足够的智慧去掌控和分析所有数据。因此，对他来说，世间将再无不确定之物存在。无论过去还是未来，都将在其注视之下。

尽管拉普拉斯只是简单地将"拉普拉斯妖"称为"一位智者"，但到了后来，他想象中的存在还是以"拉普拉斯妖"之名广为人知，这要感谢詹姆斯·克拉克·麦克斯韦[2]的一个被称作"麦克斯韦妖"

---

1 哲学随笔：法文原名为《Essai philosophique sur les probabilities》，亚马逊中国有售法语原文版。

2 詹姆斯·克拉克·麦克斯韦：出生于苏格兰爱丁堡，英国物理学家、数学家。经典电动力学的创始人，统计物理学的奠基人之一。

（见后文）的思想实验。如果拉普拉斯是对的，那么人类所珍视的诸多信仰都会受到意义深远的影响。比如，如果宇宙中的所有未来事件都已确定，那么人类如何才能拥有自由意志？

混沌、熵以及不确定性

现在我们已经知道，由于某些原因，"拉普拉斯妖"是不可能存在的。就算它是合理的，但像这样一个妖怪，必须要知道宇宙中每个粒子的位置以及运动状态，而这只是在思考未来事件走向前做的事。那么，如此巨大的数据将被存于何处？为此，我们将需要一个宇宙仓库，而另一个宇宙仓库则随之诞生，导致无限回归（对每个宇宙来说，都需要一个新宇宙来储存它的数据，永无止境）的产生。由于影响复杂系统的"混沌效应"[1]存在，计算将永远无法给出精确的结果。通常，我们将"动力不稳定性"现象称为"混沌"或"混沌理论"，其意为，测量精度的提高并不代表预测准确度的提高。而"拉普拉斯妖"理论所依赖的，恰恰是测量精度与预测准确度成正比。例如，日常生活中，倘若你每做一件事前都能掌握更多的相关细节，便意味着你能更好地预测其结果或后果。但"混沌理论"表明，对复杂的动态系统来说，这不是真的：不论如何精确地测量"过去"，都无法增加你预测"未来"的准确率。因此，"混乱理论"破坏了拉普拉斯决定论的数学基础。

1　混沌效应：是指确定性动力学系统因对初值敏感而表现出的不可预测的、类似随机性的运动。

原则上，只有在信息守恒时，"拉普拉斯妖"看起来才是可靠的。在拉普拉斯日，数学物理学家们相信，"信息守恒"实际上也是守恒定律之一，就像物质守恒和能量守恒那般。所以，在过去、现在以及未来，信息的总量是不变的。

可惜，开尔文[1]的热力学第二定律[2]摧毁了这一幻想：熵增长时，信息流失。宇宙膨胀的本质还意味着，仅凭过去（尤其是尚无信息存在的宇宙初期）的信息，并不足以确定当下。最后，量子物理学的诸多发现，特别是海森堡的测不准原理，说明宇宙本质上是非确定性的；未来只能被有概率地，而非绝对地确定。用尼尔斯·玻尔的话来说："预测是非常难的，特别是关于未来。"

电视还是广播？

德国计算机科学家约瑟夫·卢卡韦斯卡设计了一个简单的思想实验来推翻"拉普拉斯妖"。比如，借助其"足够强大的智慧"，"拉普拉斯妖"预测到，今天晚上你将会看电视。当你得知这一预测时，反而故意听广播。那么，"拉普拉斯妖"的预测，将会是错误的。简而言之，无论"妖怪"说什么，我们就选择与之不同的选项。而这正意味着，"拉普拉斯妖"并不存在。

---

1 开尔文：热力学的开创者之一，他对热力学第一定律及热力学第二定律的建立作出了重大的贡献。

2 热力学第二定律：热力学基本定律之一，其表述为：不可能把热从低温物体传到高温物体而不产生其他影响，或不可能从单一热源取热使之完全转换为有用的功而不产生其他影响，或不可逆热力过程中熵的微增量总是大于零。又称"熵增定律"，表明了在自然过程中，一个孤立系统的总混乱度（即"熵"）不会减小。

达尔文的"假想实例"

1859

——

如果对一群狼来说，唯一的猎物是一只跑得飞快的鹿，那么在群狼中，速度最快且身体最为轻盈的狼最有可能抓住猎物，从而活下来并繁衍下去，而"迅捷"和"轻盈"将更为普遍地出现在下一代中。

1859 年，查尔斯·达尔文[1]发表了《物种起源》[2]，他的著作论述了自然选择的相关理论及论据。但早在很久以前，达尔文就已系统地提出了他的理论——19 世纪 30 年代初，达尔文参加了英国皇家舰队"贝格尔号"史诗般的环球航行，在旅途中，他首

———

1 查尔斯·达尔文：英国生物学家，进化论的奠基人。曾经乘坐贝格尔号舰作了历时 5 年的环球航行，对动植物和地质结构等进行了大量的观察和采集。出版《物种起源》，提出了生物进化论学说，从而摧毁了各种唯心的神造论以及物种不变论。

2 《物种起源》：全称《论依据自然选择即在生存斗争中保存优良族的物种起源》（On the Origin of Species by Means of Natural Selection，or the Preservation of Favoured Races in the Struggle for Life），出版于1859 年 11 月 24 日，作者达尔文（Charles Robert Darwin，1809 – 1882），是主要阐述生物进化的重要著作。

次想到了"自然选择"[1]。1838 年 9 月，在读过托马斯·马尔萨斯[2]的《人口论》[3]之后，他再次将想法归纳整合。考虑到自己的理论具有争议性和潜在的革命性质，达尔文并没有仓促发表，而是选择继续改进，通过收集更多的证据加以完善。他清楚地知道，他的理论和论据必将遭受来自四面八方的攻击，所以他打算将其尽可能完整地呈现出来。

发表《物种起源》

1858 年 6 月，一位才华横溢的年轻自然哲学家——阿尔弗雷德·罗素·华莱士正在马来群岛上做田野调查。他给达尔文寄了一篇自己的论文，其概括了一种基于"自然选择"的进化理论，而这与达尔文的理论颇为相似。华莱士的论文，将达尔文逼入了绝境。达尔文的朋友们[4]急切地想要证明达尔文享有优先权，便准备将华莱士的论文与达尔文进行中的工作节录一同发表。在他们的研究成果公布于众后，次年，达尔文发表了《物种起源》。他长年累月的工作，最终造就了一本权威著作。其严谨地阐明了他的理论，陈述了论证过程，然后用强有力的类比和大量的论据对其进行支持。

1　自然选择：指生物在生存斗争中适者生存、不适者被淘汰的现象。

2　托马斯·马尔萨斯：英国教士、人口学家、经济学家。以其人口理论闻名于世。

3　《人口论》：于 1798 年由英国经济学家、人口学家马尔萨斯发表，为工业革命前，人均生产力不足时期政治经济学的经典之作。其讲述了马尔萨斯关于人口问题的根本观点。

4　达尔文的朋友们：这里主要是指胡克、赖尔。

以狼为例

在《物种起源》第 4 章——《自然选择：即最适者生存》中，达尔文细致入微地解释了自然选择机制是如何运作的。为了论证这一点，他设计了两个强有力的思索性的例子或思想实验，并称其为"假想实例"。第一个例子较为容易理解：有这样一只狼，它会选择不同的方法捕捉猎物——或用高超的技巧、或用超强的力量、或用迅捷的速度。达尔文假设了这样一个场景。其中，跑得最快的猎物，比如一只鹿，成了一群狼的首要食物来源。

在这种特定条件下，我没有理由怀疑，最为敏捷且轻盈的狼将最有可能存活，因此它会"被保留"或"被选择"……现在，如果某只狼身上任何先天的习性或结构发生了些微改变，且这些改变对其有益，那么它活下去并繁衍后代的可能便最大，而其中一些幼崽可能会继承其习性或生理结构。倘若不断重复这一过程，这些"后来者"要么取代之前种群里的狼，要么与之前种群里的狼共存。由此，一个新的种群诞生。

换句话说，自然选择可能促成狼的某个新品种的形成，而其最终可能发展为某个新物种。达尔文的第二个"假想实例"是：一朵花和一只蜜蜂是怎样同时或相继地缓慢改变、调整、适应，最终达到对彼此来说最完美的形态的？

真正原因

谨慎的达尔文并未拿这些"假想实例"当作自然选择理论的

论据。在《物种起源》中，他的论述是非常有条理的。在第四章中，达尔文试图证明，自然选择能够为物种形成和物种适应提供一个合理机制。为此，他沿袭了颇具影响力的天文学家、科学哲学家约翰·赫歇尔[1]在其1830年的著作《自然哲学研究导论》中的理论。赫歇尔论证到，科学理论的标准应该是确立（一切事物）的真正原因。其中一个步骤是：证明该理论至少有足够的力量来解释其试图说明的现象。其实，达尔文已经用"假想实例"阐明了自然选择理论，然后他开始引用各种论据，去证明自己的理论不仅合理，而且正确：在自然界，关于自然选择是否真能如此行使职能……必须根据随后各章的主旨和与大量论据对照后的结果来判断。

实际上，达尔文接着便介绍了其他论据，而它们都适用于证明"假想实例"中的"狼"的真实性——他论述了灰狗的敏捷性是如何被遗传的，家猫又是怎样捕食特定猎物的。换句话说，他提供了许多坚实的论据，以证明"假想实例"中的方方面面都在现实中存有映射。而在纽约卡茨基尔山还生活着两种狼[2]，它们似乎也在说明，整体上看，达尔文的理论适用于现实世界。

达尔文妖

在拉普拉斯妖（参阅前文）以及麦克斯韦妖（参阅前文）旁边，

---

1 约翰·赫歇尔：出生于英国白金汉郡的斯劳，天文学家威廉·赫歇尔的儿子。约翰·赫歇尔首创以儒略纪日法来纪录天象日期，他亦在摄影术（Cyanotype）的发展方面做出过重大贡献。他发现硫代硫酸钠能作为溴化银的定影剂。"photography"（摄影）、"negative"（负片）及"positive"（正片）等名词都是由他创造的。

2 两种狼：一种轻盈的狼吃鹿，一种体大腿短的狼吃羊。

进化生物学甚至放上了自己召唤的"妖怪"。1979 年，理查德·劳引入了有关"达尔文妖"的观点。一个生物学定律认为：生物体不可能既长寿又高速繁殖，因此，生物体后代的数量及其寿命之间永远存在"权衡"[1] 关系。该定律还提出了"达尔文妖"的概念，认为它"能够同时完善适合度[2] 的方方面面"，所谓"方方面面"，是指能够增加某种生物成活概率的属性，比如后代和寿命。迈克尔·邦斯尔将"达尔文妖"称为"一种虚构实体⋯⋯生长快速、繁殖迅速、战无不胜，并且永生"，将迅速统治其所处的生态位[3]。那么问题来了，为什么进化论无法造就这样的恶魔？与"麦克斯韦妖"一样，"达尔文妖"向科学家们发出了挑战："请问，该怎么解释我不存在的原因？"

三种性别

相较于其他科学（特别是物理学），在生物学中，思想实验很少见，但还是有些个例的。1930 年，R.A. 费希尔在其颇具影响力的著作《自然选择起源理论》的引言里，提出了一个令人印象深刻的例子。

---

1 权衡：此处原文使用的是"Trade-off"，Trade-off（此消彼长）是指在生物的生命历程（life-history）中，由于可供分配的资源有限，特定两个特征（life-history characters）间的相互作用，即提高一种特征的优势的时候，另一种特征的优势将降低。

2 适合度：是指生物体或生物群体对环境适应的量化特征，是分析估计生物所具有的各种特征的适应性，以及在进化过程中继续往后代传递的能力的指标。

3 生态位：是指一个种群在生态系统中，在时间空间上所占据的位置及其与相关种群之间的功能关系与作用。生态位又称生态龛。

没有实用主义生物学家会对有性生殖感兴趣，因此他们转而详细研究了生物拥有三种或三种以上性别时的后果为何。那么，如果他们想了解世上为何只有两种性别，又应该做些什么？

麦克斯韦妖

1867

——

倘若某个存在可以按照速度的大小排列单个粒子，那么它将推翻热力学第二定律，促进永动机的产生并使时间倒转。

热力学第二定律认为：熵永远在增长。熵是一个难以理解的概念，通常还可将其定义为混沌、随机性、无效能[1]或信息损失（另有"噪声"一说）。想象一下，我们将标记有数字 1 ~ 100 的小瓷砖排列在一个托盘上，瓷砖和托盘便共同组成了一个系统，其初始状态是高度有序的。如果你摇晃托盘，瓷砖便会散开，最终均匀分布于盘子的整个表面，而且不再有序。即使再剧烈的摇晃，也不会使它们回到初始位置。实际上，一旦那些瓷砖均匀分布，它们将达到平衡状态。"瓷砖－托盘"系统则

1　无效能：原文使用的 unavailable energy，翻译成中文是无效能，指的是在一定的周围环境状态下，系统总能量中不能转化为有用功的那部分能量。

从低熵变为高熵。

时间的箭头

类似的过程还发生在一个盒子里的气体微粒上。倘若盒子的一侧温度高，而另一侧温度低，那么，微粒的随机运动将确保热量均衡地贯穿盒子传递，最终，盒子内的温度将达到恒定，整个系统随之进入平衡状态。由此，系统的熵再一次增长了，而减少它的唯一方式是利用某些外部能源（比如在盒子一侧增加一个加热元件）。然后，若将盒子置入更大的带有加热元件的系统中，便可促使整个系统的熵继续增长。

熵解释了为什么没有机器能够达到百分之百的效率，因为在能量转换过程中，某些能量一直在以热量或"无效能"的形式流失。熵的存在使得永动机成为了不可能。此外，它甚至给"时间箭头"指明了方向：一个过程永远不能是完全可逆的，因为在其每一次进行的过程中，能量都在流失。打破的玻璃杯不能变回未打破时的状态，一副纸牌也不能回到"未洗过"时的模样。而这个不可逆性恰恰为时间指明了方向——熵永远只能沿一个方向流动。

才思敏捷的存在

苏格兰物理学家、数学家詹姆斯·克拉克·麦克斯韦[1]曾先后

---

1 詹姆斯·克拉克·麦克斯韦：出生于苏格兰爱丁堡，英国物理学家、数学家。经典电动力学的创始人，统计物理学的奠基人之一。

在 1867 年和他在 1871 年在他的著作《热理论》中，提到一个思想实验：我们将一个盒子分成 A 与 B 两部分，它们之间仅由一个小洞相连（参阅后文）。由于洞两侧的温度相等，因此系统处于平衡状态，此时熵值为最大。同时，任一部分中的气体粒子均以"在一定范围内且完全不一致"的速度移动。那么，让我们跟随麦克斯韦在他 1872 年版《热理论》中写到的内容展开想象：

有这样一个才思敏捷的存在，他能够追踪每一微小颗粒的运动状态……"它"可以自由打开或关闭洞口，让速度快的微粒从 A 移动到 B、速度慢的微粒从 B 移动到 A。因此，没费多少工夫，他就能提高 B 的温度并降低 A 的温度。而这一结果与热力学第二定律相矛盾。

尽管麦克斯韦只不过称其为"存在"，但威廉·汤姆森[1]（即开尔文勋爵）还是将其命名为"麦克斯韦妖"。其实麦克斯韦的初衷是，阐释（热力学）第二定律是建立在统计力学之上的；它因大量粒子——"大量物质"的运动状态而诞生。"麦克斯韦妖"之所以能做到如此程度，只因他可以"观察并且处理单个微粒"。所以，对于麦克斯韦来说，他并没有让"麦克斯韦妖"向（热力学）第二定律发起特别的挑战。

永动机

但其他物理学家并没有如此乐观。如果"麦克斯韦妖"是切

1　威廉·汤姆森：爱尔兰的数学物理学家、工程师。也是热力学温标（绝对温标）的发明人，被称为热力学之父。

实可行的，它便能在一个封闭的系统中随意减少熵，而使 A 与 B 两部分的温度不同，由此产生的能量，可被用于供给一台热机，且无须消耗任何能量。"麦克斯韦妖"那打破两部分平衡状态的能力近乎时光倒流，使得一台永动机随之诞生。

但"麦克斯韦妖"的最大缺陷在于，它以及它的"洞（门）机制"一起，其实增加了整个系统的熵。因为它们正在工作，所以必须被划为系统的组成部分。而"麦克斯韦妖"的还原图也含蓄地暗示了此观点——（下图）展示了在盒顶上栖息的"妖"与被分隔开来的两部分，而它正从外部控制洞（或门）的开闭。因此，整个系统里不仅有盒子，而且包含"麦克斯韦妖"本身——它在做的工作，远比挑选粒子多得多。

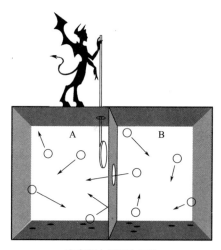

麦克斯韦妖正在工作

回到过去

然而，就算我们认为"麦克斯韦妖"在盒子之内，因而是系统的一部分，且控制洞的过程无须做功，但争议依旧存在——"麦克斯韦妖"完成分拣过程所耗费的能量，要远比生成得更多——这是他处理信息必须采用的方式所决定的。每当"麦克斯韦妖"收集某个微粒的信息以决定是否让它通过时，都不得不清除关于上一微粒的信息，而这一过程自然要做功（这是物理学家罗尔夫·兰道尔[1]在1961年首次提出的原则），因此，对于整个系统而言，在工作过程中，能量并没有"净收益"。

关于这一点，存在一个真实的例子：2015年，芬兰阿尔托大学的物理学家约恩内·科斯基与他的同事共同做出了一个类"麦克斯韦妖"电路。其可以通过释放电子从周围的环境中"窃取"热量实现冷却作用。但由于"麦克斯韦妖"不得不清除掉已观察到的每个电子的信息，以便给评估下一个电子腾出空间，因此在工作过程中会一直发热。科斯基观察到："'麦克斯韦妖'升温的速度，要比系统冷却快得多。"

---

1 罗尔夫·兰道尔：兰道尔于1999年去世。1961年，他提出了兰道尔原理，即计算机在删除信息的过程中要消耗能量。这一原理为现代计算物理学奠定了基础。如果兰道尔在世，他应该与接下来提到的查尔斯·贝内特共同分享诺贝尔奖。

追逐一束光将会看到什么？

1895

———

如果你试着追逐一束光，将会看到什么？注视着你的观察者又会看到什么？

这一爱因斯坦声称自己在儿时想出的思想实验，成了科学界最著名的思想实验之一。它的出现颠覆了物理学领域，并且重新定义了时间和空间。依靠这些随灵感火花诞生的思想实验，爱因斯坦实现了在狭义相对论与广义相对论以及其他领域中的重大突破。而思想实验则成了一种用于揭示其发现中那些惊人且反直觉[1]含义的重要工具。

---

1 反直觉：直觉（intuitive）和反直觉（counter-intuitive）是科学讨论在描述一个科学理论或者发现的时候，经常使用的二分法。这个叫法本身并不那么科学和严谨，但是其中的意味却是无限深长。例如，"物体将保持它的运动状态，直到外力改变它"，这是一个相对原始的反直觉理论。在今天，初中物理课修完的同学也许会不同意这是反直觉的。但是在牛顿的年代，这却是彻头彻尾的反直觉。无数牛顿之前的大学者，都理所当然地认为物体要保持运动，必须不断施加外力。这才是费尽力气保持各种物体运动的古代人类的"直觉"。

光速悖论

根据爱因斯坦的《自传笔记》，爱因斯坦把狭义相对论的概念、基于"相对被观察者以匀速运动的观察者"这一特殊情况产生的时空本质理论的产生，归功于"一个其在 16 岁时就已想到的悖论"：

如果我以速度 c（真空中光的速度）追赶一束光，我应该会观察到，这样一束光……将保持静止……看上去似乎不存在这样的事情，但是，这种判断既非基于经验，也非依照麦克斯韦方程组。从一开始，它就直观且清晰地向我呈现：从观察者的角度判断，每件事都会遵从相同的物理定律，即一位与地球保持相对静止的观察者所观察到的。那么，对于首位观察者来说，他是如何知晓（确定），自己正处于一个速度极大的匀速运动状态之中呢？当时就有人意识到，狭义相对论早已在此悖论中萌芽。

大多数读者会发现，上述解释有些晦涩难懂。而依据各路专家，特别是匹兹堡大学的约翰·诺顿的说法，这是因为上述论述实际上就没有多重大的意义（参阅下文）。

伽利略相对性原理

爱因斯坦在阐释自己理论的伊始，提到了一个因两种冲突的宇宙观而形成的悖论。过去，关于运动的经典物理学理论属于牛顿和伽利略。那时他们也曾使用过思想实验，比如，为了说明运动可以被加减，就产生了这样一个思想实验：有这样一艘轮船，它随着地球运动不停地旋转。若水手以 1 米 / 秒的速度向东走，而船则以 10 米 / 秒的速度向西航行，那么，相对于地球表面，他的速度就是向西 9 米 / 秒。但是，相对于漂浮在太空中的某人来说，此时地球以约 460 米 / 秒向东旋转，所以，在他看来，水手的速度是向东 451 米 / 秒。这就是"伽利略相对性"原理。

然而，在 19 世纪，詹姆斯·克拉克·麦克斯韦已经推出了适用于电磁波传播计算的方程组[1]，并且证明了真空中电磁辐射的速度（即光速，以 c 表示）是一个固定的通用常数，且不受观察者的运动左右。

根据伽利略相对性原理，如果水手以 10 米 / 秒向西移动（忽略地球的运动），当他面向西打开一只手电筒时，手电筒光束的速度应该是 $c+10$ 米 / 秒；如果他面向东，其速度将是 $c-10$ 米 / 秒。然而，麦克斯韦方程组告诉我们，不论在哪种情况下，光速（即上段中的 c）都是相同的。事实上，早在 1887 年，迈克尔逊·莫雷实验就已实验性地证明了这一观点。该实验发现，在不考虑地球公转和自转的前提下，于恒星和地球间移动的光，无论去往哪一方向，其速度都是相同的。所以，伽利略相对性原理与麦克斯韦的"光速绝对论"是相互矛盾的，而这就是爱

---

1 麦克斯韦方程组：是英国物理学家詹姆斯·麦克斯韦在 19 世纪建立的一组描述电场、磁场与电荷密度、电流密度之间关系的偏微分方程。

因斯坦提及的悖论。

有轨电车里的"头脑风暴"

　　然而，上述爱因斯坦的思想实验，并没有为解决该悖论扫清障碍。此外，爱因斯坦在 16 岁时还没有研究过麦克斯韦方程组，这说明他的回忆有些偏差。也许，更为重要的思想实验，是他在 1905 年 5 月做的那个。当时，爱因斯坦正处于低潮，为没有能力解决这一悖论沮丧不已。这时他回忆起了自己以前在瑞士伯尔尼市搭乘有轨电车的场景——在他乘车离开时，看见了一座巨大的钟楼。然后他开始思考，如果电车以光速行驶将会发生什么？若如此，他将以光速从钟楼面前掠过，而钟楼上的钟就像是停止了——尽管在他的手表上，时间仍像往常一样流逝。"在我的脑海中，一场风暴打破了僵局。"之后他这样回忆。当时他意识到，时间能在不同的位置上以不同的速度流逝，这取决于你移动的速度有多快。因此，时间不是绝对的，而是相对的。

　　想要更好地解释这一概念，我们可以借助如下思想实验：在火车站的某个站台上，一位观察者正注视着一辆火车经过。此时在车内，如果一位旅客正准备接住车厢末端的墙壁上弹回的球。那么，观察者可根据伽利略相对性原理计算出球的速度。如果火车以 100 米 / 秒的速度向东移动，而球以 10 米 / 秒的速度向西移动，那么对于观察者来说，球是以 90 米 / 秒的速度向东移动的。

然而，光却遵循不同的规则。

光与钟

　　如果乘客将一面镜子放在地板上，又将另一面安置在天花板上，以此作为"光钟"（通过让一束光线在两面镜子间来回反射计时）。我们将光束每次反射回来并击中地板上的镜子算作光钟的"一拍"，而乘客恰好有一块与"光钟"同步的手表。此时，对于乘客来说，光束似乎是沿直线上下运动的。然而，对于月台上的观察者，情况则完全不同，因为在光束来回反射的过程中，镜子正向东移动，所以在观察者看来，光束是沿倒 V 形的路径前行的。

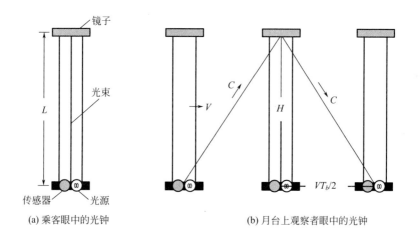

(a) 乘客眼中的光钟　　　　　　(b) 月台上观察者眼中的光钟

　　换句话说，在观察者看来，光束完成"一拍"所走的距离要更长。根据伽利略相关性原理，由于速度 = 距离 / 时间，这意味着从观察者的角度来看，光束移动得更快。但是，由于光速是恒定的，对于乘客与观察者也必然是相同的，所以在观察者看来，车内外的时间是不同的：与乘客的光钟和与其同步的手表相比，她的表要更快些。

想象一下，倘若那个观察者是在一列火车里而非月台上，那么他便无法知晓自己与另一列火车里的乘客谁才是静止的——他能说的只有：他们相对于彼此是运动的。这对于以相对匀速直线运动的观察者来说都是正确的。换句话说，对于火车/月台上的思想实验的参与者来说，"时间变慢"现象是等效的：在乘客看来，她的手表在正常计时，而观察者的手表却慢了半拍。

接近 c

更进一步的思想实验揭示了时空的相对性带来的其他影响，比如：空间沿运动方向收缩；质量随速度的增长而增长；某人眼中仿佛是同时发生的事件，在他人看来却不是……对我们来说，这些现象永远是真实存在的。然而，由于在人类经验中，速度的变化程度太过微小，因此仅从结果上看，与牛顿对时空的研究和伽利略相对性理论并不违背。只有在速度接近 c 时，那些意义深远的相对论效应才会出现。

从屋顶坠落的男人

1907

——

如果你从屋顶坠落，此时你的体重与漂浮在远离任何恒星或行星的太空中时有何不同？

狭义相对论是特别的，因为它仅适用于匀速运动的观察者这一特殊情形。于是爱因斯坦开始思考，应该怎样将其扩展到变速（比如加速）运动的物体上。此外，他还试图让狭义相对论与牛顿关于重力的概念"达成一致"。

最（令我）快乐的想法

爱因斯坦在 1907 年叙述道：

现在我正坐在伯尔尼专利局里……写下我关于狭义相对理论研究的摘要……（并且试图）修改牛顿关于重力的理论，以使其中的定律与狭义相对论完美融合……就在此时，我得到了生命中最（令自己）快乐的想法……对任何从屋顶自由落下的人来说，在坠落的过程中……如果没有重力场，那么，如果坠落者放开任何他紧握着的物体，它们将相对于他保持静止或匀速运动的状态。

1922 年，爱因斯坦在一场演讲中重述了这一认识："如果一个男人从空中自由落下，他将感受不到自己的重量。"这个大胆的想法让当时沉浸于思考中的爱因斯坦大吃一惊，所以他迅速记录了这一思想实验，并反复琢磨它。考虑到当时并没有人曾在高空轨道中待过或开着飞机来个高空俯冲，抑或是表演一次惊险的跳伞。所以，从文化发展的角度看，当时自由落体的概念绝不像今天这样容易被想象，当时的环境让爱因斯坦的跳跃性思维更有意义。

爱因斯坦还觉察到，如果男人在坠落时松手放开某样东西，这样东西将在他身旁坠落，就像它"相对于男人静止"一样。这一现象具有非常重要的意义，英国剑桥大学丘吉尔学院院长赫尔曼·邦迪[1]爵士深受触动，进而评论道："如果一位正在观察野鸟的物理学家从悬崖上坠落，他不用担心自己的双筒望远镜，因为它会跟他一起坠落。"多亏了科学史上里程碑式的实验之——伽利略从比萨斜塔上扔球，才让爱因斯坦断言的正确性广为人知。

现在，通过爱因斯坦的思想实验，他口中那"极其诡异却被证实的发现——在相同的引力场中，所有物体都以同样的加速度坠落"将会带来"深刻的物理学意义"。而他将通过一个与"追光"

1　赫尔曼·邦迪：英国数学家。

实验齐名的思想实验来详细阐述。

等效性原理

爱因斯坦做出了这样的假设：想象一下，一个躺在盒子里的物理学家醒了过来。起身后他发现，自己正站在地板上，也能感受到身体的重量。他让几个球从手中自由落下，发现它们同时落在地上；如果将一个球扔向侧面，它将沿抛物线飞行，最后落在地上。由此，他想当然地认为：盒子在地球上，而物体在重力作用下坠落。但实际上，盒子可能处于远离任何星球或银河系的外太空中，并以 9.8 米 / 二次方秒朝某个方向均匀加速。由于惯性质量（即物体抵抗加速度的程度，比如在冰面上，较重的石头比较轻的石头更加难以被推动）的存在，他扔出的球实际上是被加速运动的盒子抛在身后。同样地，他感受到的自身重量，也应归于惯性质量。

牛顿已经详细阐述过惯性质量与引力质量间的差异，也就是说，所谓"重量"，实际就是物体在重力场作用下受到的力。但他还是用不同材质的摆锤进行了实验，以此来证明二者相同。以前，大家认为这种相同是种巧合，所以一直忽视它。现在，爱因斯坦向世人揭晓了这种"巧合"的物理真谛——这完全不是巧合，因为在上述思想实验中，那位物理学家根本说不出身处地球的引力场下与外太空加速行进的箱子里有何区别。原因在于，二者根本不存在差异——它们恰好是等效的。1916 年，爱因斯坦记述了这一观点："这是一种鲜明的感觉……惯性质量和引力质量是等效的。"而在他 1918 年关于广义相对论基础的论文中，将此观点表述得很清楚："惯性和引力（重力）本质上是完全相同的现象。"

重力、时间以及广义相对论

等效性原理表明，引力与加速度是等效的。而且，这一发现使得将相对论扩展到引力范畴成为可能。广义相对论通常适用于所有情况下的观察者，反之，狭义相对论仅适用于观察者以匀速运动这一特殊情形。如果引力可被视为某种运动，那么，根据狭义相对论所述，它必然能以和运动同样的方式影响时间以及空间。引力可以减缓时间并扭曲空间。就运动来说，想要产生显著的相对论效应，就必须达到一个极高的量级，所以在地球上，相对论效应并不容易被检测到。但事实是，对一幢摩天大楼来说，时间在其底部流逝的速度明显比顶部慢。那么，如果你站在一只矮凳上，你的寿命将减少约 0.00000009 秒。因为火星比地球更小、质量也更轻，其重力仅是地球上的20%，所以时间在火星上流动得更快。由于引力时间膨胀[1]，火星表面的时间要比地球表面大约长三年。

靠近一个像太阳那般巨大的物体，相对论效应会更为显著：

---

1 引力时间膨胀：引力时间膨胀是指在宇宙有不同势能的区域会导致时间以不同的速率度过的现象，引力导致的时空扭曲率越大，时间就过得越慢。爱因斯坦最初在自己的相对论中预测出这种现象，并在其后的各种广义相对论实验中证实。

时钟周期[1]更慢，三角形内角和也不再是180°。当太空船上的宇航员们经过附近的一个黑洞（一种惊人的、有着巨大引力场的致密天体）时，实际上是在做通往未来的时间旅行，因为他们在黑洞里的数分钟，就是"正常"空间里的数年。

时空曲率

爱因斯坦的另一个关键发现是：由于重力对所有物体的作用是一致的（因此，伽利略扔下的球会同时触地），其与物质本身的性质无关，而必然是时空的某种特性（由三个空间维度以及第四个维度——时间组成的四维的"时空连续统一体"）。实际上，爱因斯坦最终意识到，重力不只是一种力，而是物质创造的时空曲率下的产物。描述广义相对论的公理是："物质说明时空如何弯曲，而弯曲的时空说明物质如何移动。"重力加速度实际上是随时空弯曲的物体的加速度。这一观点通常还可以用一个思想实验来说明：我们将时空想象为一块橡胶板，通过在上面放置不同数量的大球，让其完成不同程度的变形。其中，最大的球将使橡胶板最大限度地变形，好像要让它们落入其中——"重力井"随之产生。

---

1 时钟周期：时钟周期也被称为振荡周期，定义为时钟频率的倒数。时钟周期是计算机中最基本的、最小的时间单位。在一个时钟周期内，CPU仅完成一个最基本的动作。时钟周期是一个时间的量。时钟周期表示了SDRAM所能运行的最高频率。更小的时钟周期就意味着更高的工作频率。

思想实验：当哲学遇见科学

祖父悖论

1915 年后

广义相对论的存在说明，时光倒流是可能的，但若真是如此，你能回到过去并杀死你的祖父吗？随之而来的，当然是又一个悖论。

作为悖论界名副其实的潘多拉魔盒[1]，"祖父悖论"最终还是被"回到过去"的可能打开了。从本质上讲，时空旅行是微不足道的，因为我们每时每刻都在做这件事，正如我们终将到达未来。而狭义相对论告诉我们，在时间中以不同的速率前行是可能的——你走得越快，时光流逝得越慢。这个观点为我们提供了一种在有生之年直接去往多年后旅行的方法。如果你正乘坐一艘以令人舒适的加速度 1g（即 9.8 米 / 二次方秒，等于重力加速度）前行的火箭飞船旅行，只需大约 1 年，你相对于地球将接近光速。假使你继续旅行 40 年（飞船内时间），你将能在此地和银河系中心走个来回，旅程大约 60000 光年。当你回到原地时，你老了 40 岁，而地球上已过了 60000 年。

---

1 潘多拉魔盒：又称潘多拉盒子，潘多拉匣子，这是一则古希腊经典神话。

如何制造时光机

广义相对论认为，借助超大重力在时空中造成的弯曲，回到过去同样成为可能。如果时空能够自始至终环绕弯曲，它可能导致物理学家们提出的"封闭类时曲线[1]"（即 CTC）产生——时空中的一种首尾相接的循环。想要产生如此强烈的时空扭曲，必须要有旋转的黑洞或持续扩大且开放的虫洞（两个时空平面间的捷径或桥）之类的东西，所以，这种可能性最多只是推测。但是，由于那些蕴含于其中的悖论，特别是祖父悖论的存在，广义相对论物理学坚持认为其可能发生——这一事实具有重要意义。

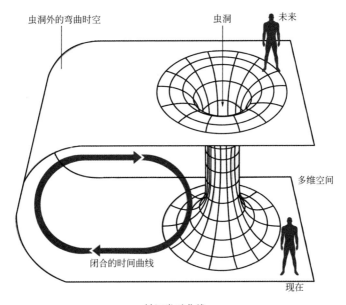

封闭类时曲线

---

1 封闭类时曲线：是一物质粒子于时空中的一种世界线，其为"封闭"，亦即会返回起始点。

如果时空变形得足够厉害，它可能一直弯曲下去，最终形成环路。

"祖父悖论"有着各种各样的版本。其主要情节是：夏娃想杀死她的外祖父约翰，因为他是个大坏蛋，所以，她借助一条 CTC 回到过去，在她母亲还未出生之前，持枪悄悄地从背后靠近约翰并扣动了扳机。如果她杀死了约翰，这将导致悖论的产生：因为约翰将不会成为她母亲的父亲，这意味着她将不会出生，也就说明她不可能通过时空旅行回到过去杀死约翰，等等。

叔祖父悖论

所谓"叔祖父悖论"，是对上文的情境稍加改变而产生的又一个悖论：假设夏娃从 2016 年回到 1932 年，并杀死了她的叔祖父阿道夫。诚然，他的死亡将不会影响夏娃的出生，但另一方面，她知道阿道夫死于 1945 年而非 1932 年。同之前一样，她拿着装好子弹的手枪从阿道夫的背后悄悄靠近，然后把枪抵在他的脑后。现在，这两个相互矛盾的论证看上去都是真的。首先，对于夏娃来说，扣动扳机打得阿道夫脑浆进裂易如反掌，所以我们可以认为她能杀死阿道夫。然而我们已经知道，阿道夫不曾在 1932 年脑浆进裂，这意味着夏娃并没有杀死他。因此，这两个论证不能同时为真，从而给我们留下一个悖论。

时序保护

一种能解决类似悖论，至少是避免其出现的方法是——假设通过时间旅行回到过去是绝对不可能的。现在我们对物理的理解或许是不完全或错误的，所以事实上我们根本不可能造出一条CTC。这是物理学家斯蒂芬·霍金[1]的观点。他的"时序保护猜想"声称，阻止我们造出时光机的恰恰是物理定律。2009年，为了证明自己是对的，霍金甚至举办了一场派对来"欢迎来自未来的旅行者"：他先摆好饮料、食物和气球，却在派对既定的结束时间过后才发出请柬。结果没人前来参加。这时，物理学家们彻底意识到，他们的世界体系是不完整的，因为没人清楚该怎样调和爱因斯坦的相对论与量子物理学的引力理论之间的矛盾。物理学家威廉·A.西斯科克认为："越来越显而易见的是，直到科学家们发展出完善的量子引力理论，'物理学定律（是否）会阻止时间旅行'的问题才能得到解决。"

自洽性以及多重世界

倘若允许时间旅行存在，"祖父悖论"是否存在解决方法呢？俄罗斯科学家伊戈尔·德米特里耶维奇·诺维科夫就提出了这样一个方案："刺杀祖父（怎么）样？我们能借助时光机犯下如此重罪吗？答案绝对是'不'。"诺维科夫认为，"祖父悖论"被"自洽性原则"所否定，用形而上学教授罗宾·勒·普瓦德万的话来

---

1 斯蒂芬·霍金：英国剑桥大学著名物理学家，现代最伟大的物理学家之一、20世纪享有国际盛誉的伟人之一。

说："（时间旅行者）不能改变过去的任何事实。"——换句话说，夏娃只能做与她未来时间轴上一致的事。

第三种可能的解决方法则要诉诸对现实的"多重世界解释"：每当一个不确定量子态以某种方式分解（参阅"薛定谔的猫"），或是做出决定或选择之时，便会有新的宇宙或现实分离出来。在这种情况下，在夏娃回到过去杀死她祖父的过程中，她会穿越到另一条时间线上。而在新时间线上，祖父确实死于她手。那么，夏娃不就永远无法存在于这一宇宙中了吗？没关系，因为她从另一个宇宙穿越而来。在那里，她仍然存在。

希特勒的幸运逃亡

此外，"祖父悖论"还有另一个版本，比如保罗·霍维奇的论证：未来，如果时间旅行成为可能，许多时间旅行者将会回到过去，试图通过暗杀"先发制人"，比如，在1932年杀死阿道夫·希特勒。不过，若情况当真如此，在希特勒的一生中，就必将充斥着不计其数的暗杀，而它们又全都被各种奇妙的巧合挫败。可历史上没有与之相关的证据。因此，这一事实恰好成了时间旅行不会在未来出现的明证。

本体论悖论

1915 年后

如果你能回到过去，赶在莎士比亚写出那些著名剧本之前杀死他，并凭借记忆将它们默写出来，那么，这些伟大的作品到底出自谁手？

从"阻止既定结果发生"的意义上看，祖父悖论和与之相关的时间旅行悖论均与"对因果关系的破坏"密切相关。而现在，一种不同类型的难题出现了，它以不同的方式破坏了因果的规律，而且对物理学和逻辑学提出了很多挑战。

无中生有

让我们想象这样一个场景。亿万富翁兼藏书家阿列克谢·玛尼贝格买下了现存最为古老的威尔伯特·沙克斯塔夫的剧本手稿——它们被认为是未来所有知名著作的基础。但阿列克谢并不满足于拥有这一珍宝，于是他斥巨资造了一台时光机，以使自己能回到 16 世纪的伦敦，找到沙克斯塔夫本人，为他买来的手稿签名。但当阿列克谢回到过去之后，他发现"威尔伯特·沙克斯塔夫"并不存在。相反，每一个读过阿列克谢带来的手稿的人，都为那些无与伦比的剧本兴奋异常。于是，人们急切地抄写并翻印手稿，一场"沙克斯塔夫热"随之兴起。最终，他成了史上最著名的剧作家。换句话说，压根就没人写过这部戏剧，它们只不过是存在于一个无止境的时间闭环之内。但是，如果从未有人创作它们，它们又是从哪儿来的呢？

自举[1]

对诸多科幻小说和电影来说，这一悖论的不同版本似乎为其量身定做了一种有趣的修辞手法。比如，在《回到未来》[2]中，布朗博士听说了未来的自己是如何通过通量电容器使时间旅行成为可能之后，受到启发并制造出了通量电容器，从而实现了时间旅行。而在电影《终结者》[3]中，倘若 2029 年"天网"不派终结者回到 1984 年刺杀莎拉，科学家们就不会通过分析终结者的碎片，在 1984 年 5 月决定开发"天网"。1914 年，罗伯特·海因莱因

1　自举：这个词来自于人都是靠自身的"自举"机构站立起来的这一思想。计算机必须具备自举能力将自己所有的元件激活，以便能完成加载操作系统这一目的，然后再由操作系统承担起那些单靠自举代码无法完成的更复杂的任务。

2　《回到未来》：美国科幻电影系列，共有三部，分别上映于 1985 年、1989 年和 1990 年。由罗伯特·泽米吉斯执导。

3　《终结者》：美国著名科幻电影系列。

发表了短篇小说《他的自举》，其中也用比喻手法对这一悖论进行了诠释。但由于故事所关注的是存在与在[1]的本质，其被物理学家和哲学家视为"本体论悖论"。自此之后，该悖论则以"自举悖论"为名而广为人知。

由于种种原因，"本体论悖论"让物理学家们伤透了脑筋。尽管与祖父悖论不同，它对时间轴的一致性构不成威胁，但当时间轴以环路或循环存在时，由于结果的产生并没有与之对应的原因，因此其违背了因果律。换句话说，由于某些事件的结果是从"无"中产生的，所以其严重违反了热力学第二定律或熵定律。让我们回到一开始的例子——沙克斯塔夫的剧本。由于其中所包含的信息（即剧本）完全是"无中生有"，而"熵"这一概念适用于信息领域，所以其被破坏了。

警告：对"熵"的违背正在进行时

有时我们用肉眼就能观察到熵的物理作用，比如，其会导致老化以及损耗。在之前的例子中，阿列克谢回到了过去，而把手稿留在了那里——最终，其成了无价珍宝。表面上看，手稿在被阿列克谢买下时应该有400岁了。但它的年龄实际上可能是无限大，因为每当阿列克谢带着它回到过去并将其留在那儿，它就经历了又一个400年，如此往复无数次后，便形成了一个时间循环。

---

1 存在与在：哲学家海德格尔的观点，其中包含四篇论文——两篇讨论形而上学的本质，两篇讨论诗的本质。

显而易见的是，这么做将给人工制品带来物理上的损耗，直至摧毁它然后破坏整个循环。

为了走出这一困境，诺维科夫的"自洽性原则"提供了这样一个方法。对一个封闭系统来说，熵永远是增加的。然而，手稿可以被看作一个更大的系统中的一部分，在经历每一次时间循环的过程中，为了修复其受到的损耗，熵必然会减少。但是，这反而催生出另一版本的"叔祖父悖论"——为了保护时间线，宇宙必然会图谋保护手稿，不论成功概率如何。

时间的守护

想象一下，比如说，阿列克谢有个尖酸刻薄的竞争对手——藏书家罗芒，他通过时间旅行回到 19 世纪，并一把火烧掉了收藏手稿的博物馆，以阻止它落入阿列克谢之手。现在我们知道，手稿确实存在于阿列克谢的时代，所以，想用这种方法摧毁手稿必然是不可能的。那么，手稿又该如何逃离火灾？是否有必要通过假设一连串不可思议的巧合来保护它？

多重世界或平行宇宙理论是能够解决本体论悖论的，方式跟解决"祖父悖论"差不多。假设阿列克谢试图带着手稿回到过去，实际上却到了一个与此世界不同的平行宇宙，那时因果律和熵的概念可能不会被破坏。换句话说，在宇宙 A 中，阿列克谢买下的手稿是威尔伯特·沙克斯塔夫所写；但当阿列克谢在时间旅行的过程中穿越到另一宇宙 B 时，那里可能根本没有沙克斯塔夫存在。

累计受众悖论

"本体论悖论"的另一个版本是"累计受众悖论"。史蒂芬·霍金以当下没有成群结队的时间旅行者为证据，来证明时间旅行是不可能存在的。罗伯特·西尔弗伯格在其 1969 年发表的科幻小说《时间线前》中，构想了如下场景：随着时间旅行的发展，大批来自未来的"旅行者"们蜂拥到达圣地，以期观看耶稣受难，而访客的人数还在不断上升。我们还可以想象如下情境：你用时光机跳到某一小段时间前，把房间里的所有人带回你的起始时间点。显然，你每重复该过程一次，房间里的人数就增加一倍。那么，这些人都是从哪儿来的？这次，熵的概念又被违反了，更别说时间轴的连续性了，除非我们假定，你的每次穿越都会到达一个新的平行宇宙 / 时间线。

薛定谔的猫

1935

——

如果直到被观察前，某个亚原子粒子的位置都是不确定的，那么一只猫的命运也可能是不确定的吗？

量子力学的分支已被证明是令人吃惊且反直觉的，至少和爱因斯坦的相对论差不多。维尔纳·海森堡[1]的"测不准原理"表明，想要同时确定某个亚原子粒子（比如一个电子）的动量和位置是不可能的——因为物理实在[2]中的某些方面是无法确定的。但它们不仅无法确定，甚至还不为人所知。这一发现挑战了当时科学的基本规律之一：如若宇宙是确定的，那么我们完全有可能发现宇宙是如何运行的，因为它终将可知。因此，海森堡的"测不准（不确定性）原理"击中了"拉

1　维尔纳·海森堡：德国著名物理学家，量子力学的主要创始人，哥本哈根学派的代表人物，1932 年诺贝尔物理学奖获得者。

2　物理实在：物理实在的观念是由人们对感性知觉间接得到的物理客体知识进行理论的思维而形成的。

普拉斯妖"（只要知晓关于过去的全部信息，人们就能预测未来）的要害。

哥本哈根解释

尼尔斯·玻尔[1]将"测不准原理"融合到了一种更为宽泛的认识论（即对自然和认知极限的研究）中，这就是后来在量子力学领域人所共知的哥本哈根解释（CI）。我们都知道，物质是由波和粒子组成的，其中一种性质表现得越明显，另一种就越模糊。那么，当我们描述一个以波状运动的粒子时，就会引发悖论——因为其能够同时以波和粒子这两种形式存在，所以会被视为一种叠加，有些像通体遍布水纹的波浪。

"描述粒子"这件事无疑是反直觉的。例如，当我们讨论某个粒子的放射性衰变时，那它要么衰变，要么不衰变——通常我们认为，其必然是非此即彼的。然而，对这一放射性衰变过程进行的数学描述（被称为"波函数"），却包含了两个结果的叠加，所以我们能够确定的只是，二者出现的概率各有多高。根据哥本哈根描述，想要确定其结果，唯一的方式就是观察——这一行为本身将会使波函数坍缩，给出关于其本质的确定答案。这意味着，像"客观现实"这样的概念根本不存在——只有在被观察到时，现实才是确定的。

---

1 尼尔斯·玻尔: 丹麦物理学家，科学硕士，丹麦皇家科学院院士，曾获丹麦皇家科学文学院金质奖章，英国曼彻斯特大学和剑桥大学名誉博士学位，1922 年获得诺贝尔物理学奖。

薛定谔的邪恶装置

为了反驳哥本哈根解释，奥地利物理学家欧文·薛定谔[1]提出了也许是科学界中最为著名的思想实验。1935 年，薛定谔在著名杂志《自然科学手册》中发表文章，指出哥本哈根解释里存有某些"极为荒谬的事实"，并阐述了这样一个例子：

我们将一只猫关进一间密闭铁屋中，并在房间里放入如下装置（整个装置猫是无法直接碰触的）：在一个盖革计数器[2]中，存有极少量放射性物质，以致在一小时内，其中的某个原子就有可能衰变（当然也可能不衰变，二者概率相等）。如果发生衰变，其产生的粒子将会进入盖革管，激发后者放电，电流流入继电器[3]后，会使与之连接的铁锤落下，敲碎一只装有氰酸的小烧瓶，氰酸会造成猫的死亡（通俗地讲，就是衰变产生的阿尔法粒子，进入装有稀有气体的盖革管，激发气体放电。电流流入继电器，继电器作为开关，可控制铁锤落下，从而敲碎瓶子。其实说得简单点，就是衰变的电子打开了控制锤子的开关，使锤子落下）。但是如果让实验中的系统运行一小时之后，猫并未死亡，那么我们是否可以认为没有原子发生衰变？

平等地抹消

根据量子不确定性，在一小时之内，放射性原子衰变的概率

---

1 欧文·薛定谔：奥地利理论物理学家，量子力学的奠基人之一，在固体的比热容、统计热力学、分子生物学等方面也做了大量的工作。最重要的成就是创立了波动力学，提出著名的薛定谔方程。

2 盖革计数器：一种专门探测电离辐射（α 粒子、β 粒子、γ 射线和 X 射线）强度的记数仪器。

3 继电器：一种电控制器件，是当输入量（激励量）的变化达到规定要求时，在电气输出电路中使被控量发生预定的阶跃变化的一种电器。

为 50%，一旦衰变发生，就意味着"猫死了"——首次原子衰变就将毒死它。薛定谔已将"原本局限于原子域的不确定性"和"可通过'直接观察'（即对那些可看到和触摸到的事物）进行分析的宏观不确定性"联系起来。在理解量子不确定性之前，人们可能认为，猫是活着还是死了这件事是明确的，只不过在亲眼看到前，我们并不知道是哪一种。但是，根据哥本哈根解释，猫实际上是"既活着又死了"。"波函数描述了猫'系统'，"薛定谔写道，"（它）将通过铁屋里那只'既活着又死了'或'处于任一状态'的猫来诠释这一系统。"总之，直到我们打开盒子朝里看时，该函数才会向某种状态"坍缩"。

魏格纳的朋友

物理学家尤金·魏格纳[1]曾对"薛定谔的猫"做了扩展，即"魏格纳的朋友"问题。他指出，假使他自己就处在那间密闭铁屋之内，尽管他可能会打开盒子从而引发波函数坍缩，但对在屋外的他的朋友们而言，这种叠加依旧存在。正如海森堡所观察到的那样，"波函数仅诠释了部分事实，以及我们对事实的部分认知"，而"量子不确定性"（或"观察者悖论"）可能将永无止境地延续下去。

我们甚至还可以这样认为：魏格纳将其存在归功于"他的朋友正在观察他"这一行为。在他的朋友进来前，魏格纳处于一种

---

[1]　尤金·魏格纳：物理学家，诺贝尔奖得主。

叠加状态——或在哀悼死猫，或在安抚活猫。但这又引出了另一个问题：在首个观察者进化而出之前，宇宙中又发生了什么？难道世间万物都处在一种由各种矛盾状态叠加而成的不确定状态之中吗？

另一有趣之处在于，尽管在魏格纳的朋友进入房间前，他描述猫的命运的波函数仍未坍缩，但它将必然和魏格纳的波函数朝同一个的方向坍缩，否则他将看到与魏格纳所见不同的某些事情。当一个叠加状态坍缩时，在所有的观察者眼中，其坍缩方式都是相同的。

退相干

现在，一个名为"退相干"的现象很可能解决不确定性悖论。所谓"退相干"，是某个系统在与环境的相互作用中，其量子力学状态发生改变的过程。比如，一个亚原子粒子可能孤立地、不确定地存在于某个不确定状态中，但系统所包含的粒子越多，其相互作用的概率也越大——而这种作用是足以确定系统状态的。"退相干"解释了为什么庞大的系统（比如人类、猫或任一比原子大的事物）中并没有出现量子域里的某些怪现象——粒子能在栅栏"打"出一条通道，突然出现或消失；或以比光速更快的速度交换信息。所以，"退相干"没准能阻止薛定谔的猫处于一种"既死了又活着"的叠加存在，从而将其从悖论中解救出来。

CHAPTER TWO

心灵是如何工作的？

　　心身关系[1]问题所探讨的是：意识的形而上学领域是如何与大脑和身体的物质领域相互作用的（抑或是怎样从后者中产生的）。此时，哲学与语言产生纠葛，"心理学"也逐渐从中分化而出。而在这片沃土之中，大量著名的思想实验如雨后春笋般萌发：对于非物质性概念，想象是最好的试验田。

1　心身关系：研究心和身的性质及其相互关系的心理学基本理论问题。

莱布尼茨的磨坊

1718

——

如果将一部思想机器放大到一个工厂或磨坊那么大，而且能让你在里面随意参观，那么你会看到任何能解释思想或意识的事物吗？

德国学者戈特弗里德·威廉·文·莱布尼茨[1]是一个彻头彻尾的二元论者，莱布尼茨坚称：在理解物质世界（包括身体与大脑的运作）以及潜在的理解心灵世界［比如思想和意识（他有时用"知觉"来泛指二者）］的可能性之间，存在着难以逾越的巨大鸿沟。

在哪儿能发现知觉？

我们可以用某个思想实验来表现莱布尼茨最著名的论证之

——————

1 莱布尼茨：德国哲学家、数学家，历史上少见的通才，被誉为 17 世纪的亚里士多德。

一，该实验涉及一台假想出来的思维机器，它可被放大为一栋大楼般大小。时至今日，我们可将其类比为某种计算机，但在 18 世纪初，对其更为恰当的类比应是一座磨坊。1718 年，在他的著作《单子论》中，莱布尼茨写道：

> 关于知觉，以及依赖于它的事物，仅从物理学的角度（即通过形状、大小以及运动）是难以解释的。如果我们想象，存在这样一台机器，其结构能使它思考、感觉并获得知觉，那么不妨设想一下，倘若其可等比放大，直到足以让我们进入其中，一如进入一座磨坊……那么，当我们探查其内部时，只会看到相互推动的零件，却永远不会发现任何能解释知觉的事物。

现如今，莱布尼茨提及的这个思想实验，被称为"莱布尼茨的磨坊"。1702 年，在一封写给皮埃尔·贝尔[1]的信中，他这样写道：

> 我不认为我们……将在一块手表中……发现知觉的起源。要知道，手表的组成部分全都是可见的。而在一座磨坊中，人们甚至能在齿轮间走来走去。因此，一座磨坊与一台更为精良的机器间的区别，无非是大小而已。所以我们便能理解，一台机器或许能制造出世上最完美的产品，但它永远无法感知其存在。

有思想的存在

在其著作《人类理智新论》[2]（完成于 1704 年，发表

1　皮埃尔·贝尔：法国早期启蒙思想家，怀疑主义哲学家和历史学家。

2　《人类理智新论》：由莱布尼茨编著，商务印书馆组织翻译出版的一本书籍。

于 1765 年）中，莱布尼茨给出了"磨坊"问题的第三种版本："科学家或其他具有思想的存在，绝不会是类似手表或磨坊的机器，因为后者不能通过想象将尺寸、形状和运动状态等属性机械地组合到一起，从而制造出某种能够思考或感知的事物。"

"磨坊"问题试图反驳下述观点：精神与物质属于同一领域，知觉必然是经大脑加工后的产物。当时，莱布尼茨可是某个领域的先锋——今天，那个领域被称为"机械智能"。1670 年，他因制造了一台颇具独创性的计算机而声名显赫。但需要着重指出的是，莱布尼茨并没有简单地论证"机器不能思考"。他始终坚持着这样一个二元论观点：物化的大脑并不能独立思考，因为思考依赖于非物质的精神或灵魂。

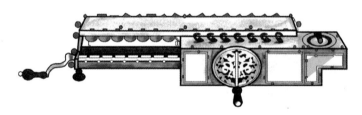

莱布尼茨的"计算者"：一台早期的计算机

找错了地方

"磨坊"论证所面对的挑战之一，是人们会因其难以解释而忽略它：既然我们不能解释一台机器是怎样思考的，那一定意味着它们不能思考。或许，这一事实仅仅揭露了人们对这类机器的某种不完美理解。"当我们参观某个工厂时，如果对其组成部分和它们之间的关系一无所知，"美国哲学家理查德·罗蒂[1]指出，"我们根本不会了解究竟发生了什么。"而美国哲学家约翰·塞尔[2]则认为，"磨坊"论证根本不成立，因为当莱布尼茨假想的观察者在磨坊内漫步时，他完全找错了地方，"（在磨坊内）……我们是在一个错误的层面上观察整个系统的。"换句话说，当我们思考"机器"是如何"生产"意识时，必然要先将这一系统看作一个整体，然后再考虑其复杂性，而不是直接检查各组成部分。

统一性

保罗·洛奇以及马尔茨·博布罗提出，上述对"磨坊"论证的异议，实际上误解了它的本质——因为"磨坊"论证是建立在莱布尼茨那"'知觉'（即意识）取决于'（用他的话来说）统一体中诸多个体的表现'"的认知之上的。"机器是由多个部分组成的，但其性能所表现的，只有它们之间的关系而已。"他们这样说道，"因此，它们将永远无法解释感知所具有的不可分割的统一性，以及……其为何需要统一性的存在。"

几个世纪的研究结果表明，存在于大脑与意识间那牢不可破

---

1 理查德·罗蒂：当代美国最有影响力的哲学家、思想家，也是美国新实用主义哲学的主要代表之一。

2 约翰·塞尔：是当今世界最著名、最具影响力的哲学家之一。

的连接，似乎对莱布尼茨所主张的"大脑不能思考"提出了经验主义上的反驳。但是，从"磨坊"思想实验的多个现代版本中，我们能够窥伺到围绕感受质（个人基于主观意识的体验）和意识展开的哲学论战，比如"中文房间""玛丽——色彩学家"以及"身为蝙蝠是何感觉"。

消失的大学

1949

假如你去英国牛津大学旅行，在参观了各学院、图书馆和实验室后，你突然问道："那牛津大学又在哪儿？"这就是范畴错误[1]。

1949年，英国哲学家吉尔伯特·赖尔[2]用他眼中的"最后一根钉子"，为勒内·笛卡尔[3]的"心身二元论"钉上了棺材板。在其著作《心的概念》[4]之中，赖尔将此二元论视为"笛卡尔神话"，称笛卡尔口中那"无形的心灵"为"机器中的鬼魂"。此外他还

1　范畴错误：英国哲学家赖尔的用语，指把一个事物看成隶属于与它本来隶属的范畴不同的另一范畴，或用适合于表述另一类范畴的语词来表达这一类范畴的事实，即把概念归属于它们所并不隶属的逻辑类型。他认为许多语言混乱由此产生。

2　吉尔伯特·赖尔：英国哲学家，日常语言哲学牛津学派的创始人之一。

3　勒内·笛卡尔：法国著名哲学家、物理学家、数学家、神学家。

4　《心的概念》：是英国的著名哲学吉尔伯特·赖尔（Gilbert Ryle）的作品。赖尔撰写此书的主要目的在于批驳笛卡尔的身心二元论，认为机器中的幽灵是人们因误用心理行为等语词概念而自设的藩篱。

提出，笛卡尔已被对科学的新一轮尊崇所引诱，沉迷于伽利略的机械论世界观，以及被他错误地用于心身问题的其他观点。赖尔认为，这不单是个普通的错误，而是范畴错误。

范畴错误

为了解释"范畴错误"，赖尔向一系列类比求助，其中最著名的便是"消失的大学"。

一名外国游客首次造访英国牛津大学或剑桥大学，他参观了诸多学院、图书馆、操场、博物馆、科研部门以及行政管理部门。然后他问道："但大学究竟在哪儿？我看到了学生宿舍、教务主任办公室、科学家用以工作和休息的实验室……然而，我还是没有看到大学。"

显而易见，他错误地将"大学"置入与"学院""图书馆"等相同的范畴之内。"同样的错误……"赖尔写道，"……也出现在了观看军队分列式的孩子身上：尽管大人已经向他指明了战列方阵、炮兵连和骑兵中队等，可他仍一个劲儿地问'军队到底什么时候来'。"

与维特根斯坦的观点相同，赖尔相信，许多哲学难题是因我们对语言的使用不当而产生。自称"日常用语哲学家"的他认为，自己在上述"实例"中所阐述的范畴错误，"是那些不知道如何使用（相关）概念的人所造成的……而他们之所以会产生困惑，是因为无法正确地使用某些词汇"。

破坏性目的

赖尔指出，他的"破坏性目的"是向世人展示，由其口中的"双重生命论"（也就是"心身二元论"，即"一个以鬼魂形态存在的正常人……正在一台机器中"）所提出的"谜题"，实际上只是谬误罢了——其源自"一系列彻底的范畴错误"。像笛卡尔这样的二元论者已经落入了某个陷阱之中——它要求人们在对心灵进行解释时，使用与对身体做出新机械论解释时相同的语言：

这多少有点儿像下述情形：那名外国游客认为大学是另一栋建筑物——它与学院相似，但又与其显著不同。所以，机械论的批判者将心灵视为……的确像是机器，但又与其显著不同的存在。而他们的理论便是"副机械论"假说。

赖尔还认为，二元论者犯了"只见树木、不见树林"的错误。他们坚称心灵和身体及其他机械论概念属于相同范畴，从而被引向了一种错误的二分法——类似于"要么她买了一只左手手套和一只右手手套，要么她买了一双手套（注意，这里是'或'而非'和'的关系）"。其正如这样一个范畴错误：我可以说"存在质数和星期三"，这使它们看上去像属于相同范畴，但事实并非如此。因此，"心身均存在"与其相同，也属于范畴错误。

由于心灵与身体并不属于同一范畴，因此，我们也没必要为推翻"心灵必然和大脑，或非物质的'机器中的鬼魂'属于统一范畴"寻找更多论据。尽管将大脑的功能与特殊的心理过程或现象（比如视觉、记忆和感情）相联系已成为可能,但这并不意味着"心灵"的类似物必然存在。正如大学和学院及图书馆不是同类事物,心灵也不是集它各组成部分的功能于一身的事物。

问题消失了？

尽管质疑始终存在（比如,他那基于常识的解释能否令人信服地应用于意识领域）,但赖尔相信,他的分析将会解决"心身问题",甚至有人将抹消"非物质心灵"这一概念的功劳归在他身上。最终,赖尔的工作促进了一系列关于心灵及表象的全新理论的产生,如"中文房间""身为蝙蝠是何感觉？""玛丽——色彩科学家"以及"哲学僵尸"。总而言之,它们的存在说明,对心身问题的讨论正不断发展壮大。

图灵的模仿游戏

1950

———

如果我们说不出机器智能与人类智能究竟有何不同，那它们还有区别吗？

第二次世界大战期间，同盟国破译了轴心国的密码，从而推动了计算机相关理论与技术的发展。而英国数学家阿兰·图灵，就站在这一令人兴奋的领域的最前沿。在人工智能（AI）这一概念诞生前数年，他一直在研究计算机与人类认知间是否存在相似之处，而这已超越了计算机技术本身。

机器能思考吗？

1950 年，在哲学期刊《心灵》上，刊登了一篇题为《计算机与智能》的文章，其作者正是图灵。其中，图灵正面回答了"机器能否思考？"这一问题。他断言，有着类似结构的问题都"毫无意义，根本不值得讨论"。图灵认为，真正的问题应该是："如果某台计算机能够思考，我们又该如何确定这一事实呢？"如果一台机器看起来像是智能的，它或许就该被认为是智能的。为此，图灵提出了一个以客厅娱乐为背景的思想实验——模仿游戏。首先，提问者会设计一个包含了数个问题的问卷。然后，让一个男人和一个女人分别待在不同的房间里，以书面形式作答，同时确保提问者不清楚房间里究竟是男人还是女人。在答题过程中，男人要尽力模仿女人作答（以让提问者相信自己是女人）。而提问者只能根据答卷判断谁才是真正的女人。

在图灵测试中，人类－人工差异取代了性别差异。而在回答由人类语言提出的各种问题时，某些机器智能是通过文本来与人类进行竞争的。图灵认为，如果多数人类裁判无法判定谁是人类，谁又是人工产物，那么在某种意义上，机器就应该被判为拥有智能。图灵还写到，到了 2000 年，将会存在某种出色的机器智能，它足以"在五分钟的作答时间结束后，让一个普通水平的裁判，只有不到 70% 的概率做出正确判断"。但是，和人工智能历史中的大多数主张一样，图灵的预测还没有实现。

遇见尤金

后来，图灵的思想实验居然成了真。1991 年，休·勒布纳[1]联合剑桥行为研究中心，创立了勒布纳奖学金。他们提供了十万

---

1 休·勒布纳：美国科学家兼慈善家。

美元的奖金以及一枚金质奖章，以奖励能通过任意版本图灵测试的计算机程序。尽管像聊天机器人这样日益复杂的程序仍在不断提高着性能，但勒布纳奖学金依旧无人可以领取。

2014 年，一个名为尤金·古斯特曼[1]的聊天机器人登上了各大媒体的头条——据说它已经通过了图灵测试（尽管它并不在勒布纳人工智能奖的候选名单中）。它可以惟妙惟肖地模仿一名 13 岁乌克兰男孩的蹩脚英语和回答方式。但有人已经指责其通过规避某些条件（比如，那些足以暴露其是机器的错误，均可被视为一个 13 岁男孩在用第二语言回答问题时的正常情况）"玩儿"了测试一把。而在一次比赛中，"尤金"只"戏弄"了 30% 的裁判。在大致分析了聊天机器人的谈话策略后，人们发现，它经常靠对人类志愿者问题里的单词进行"再包装"来作答。这表明自 20 世纪 60 年代中期，最著名的聊天机器人——约瑟夫·魏泽堡[2]的"伊莉莎"诞生以来，人工智能领域几乎没有改变。

"医生"会"愚弄"你

最著名的聊天机器人伊莉莎在化身医生的过程中，通过将陈述句转为问句的方式，模仿了一位罗氏心理治疗师。比如，在回应"你让我生气！"时，伊莉莎可能会问："我为什么要让你生气？"魏泽堡困惑地发现，即使在得知伊莉莎只不过是一段程序

---

1 尤金·古斯特曼：一个软件、一套模拟人类对话的脚本。

2 约瑟夫·魏泽堡：系统工程师，与精神病学家肯尼斯·科尔比在 20 世纪 60 年代共同编写了最早的与人对话程序。

之后，许多人仍继续与它交流，好像它是真正的心理治疗师一般。研究表明，实际上人们能从这样的交流中获益，就像他们与真正的心理治疗师交谈时那样。

对图灵测试的另一批评是，它并未处理机械意识的问题，即图灵测试中的人工智能是否具有某种程度的主观体验甚至语义理解能力——这就是"符号基础"，许多人眼中智能的主要方面之一。而足以通过图灵测试的人工智能，可能只是某个版本的"中文房间"罢了。

智能程度

那么，在图灵测试中，对成功的评判标准是否应该是纯粹的"二元论"——"通过"或"失败"呢？认知科学家罗伯特·弗兰奇对此提出质疑：不同程度的成功真的没有更大的意义吗？倘若一段程序能够愚弄某个人类询问者一小时，那它会比五分钟后就失败的程序更为智能吗？弗兰奇还提出了这样的疑问：人类可以依靠具身意识，用各种方法赋予语言背景和意义，这是计算机难以模仿的。而机器智能从未拥有过具身意识。那么，对机器智能来说，图灵测试是否是难以企及的标尺？比如，人工智能可能永远学不会如何处理类似"喝一口冰苏打水的感觉，更像是在脚上扎针，还是兜头一盆冷水"的问题。

盒子里的甲虫

1953

———

　　如果我们每个人都称自己有一个盒子，盒子里有一只甲虫。但我们既看不到对方盒子里的甲虫，也不向彼此描述自己盒中的甲虫。那么"甲虫"这个词的含义究竟是什么？

　　奥地利裔英国哲学家路德维希·维特根斯坦[1]发展了一个名为"私人语言"的观点——有时它就像是格言警句。维特根斯坦相信，语言本身其实是不可理解的，除非根据其用法设定相应的语境。此外，他以此来支持（不同的解释）一种关于语言的"共同体观点"。该观点认为，语言诞生于人们（即具备语言能力者）商定（词语）公用意义的交流过程中，并遵循维特根斯坦口中那"语言游戏"的规则。

1　路德维希·维特根斯坦（1889年4月26日~1951年4月29日）：英国著名哲学家、作家，师从于著名哲学家罗素。身为犹太人的他，出生于奥地利维也纳。著有《逻辑哲学论》和《维特根斯坦全集》（共12卷）。

私人语言

作为其论证的一部分，维特根斯坦假设了"私人语言"的存在。在"私人语言"这一系统中，词汇描绘了"内在经验"，但完全是供私人使用的。随后，维特根斯坦便排除了这样一种语言存在的可能性——他认为其毫无逻辑可言：

关于私人经验，最重要的绝非每个人都拥有"样本"（如甲虫），而是没人知道对方到底有和自己一样的东西还是别的什么东西。因此，尽管无法证实，但该假设会使得这样一种情形产生——一部分人对红色可能会有某种感觉，另一部分人则会有与之截然不同的另一种感觉。

维特根斯坦最喜欢讨论的一个有关感觉的例子是"疼痛"。他认为，疼痛看上去的确具有明显的个人意义，但我们又怎么知道其他人口中的"疼痛"和我们所认为的"疼痛"相同呢？为了阐明自己的观点，在于他去世之后出版的《哲学研究》[1]中，维特根斯坦提出了一个关于盒子里的甲虫的思想实验：

假设每人都有一个盒子，里面装着某个东西——我们姑且称其为"甲虫"。他们看不到其他人盒子里的"甲虫"，而只有在看过自己盒子里的"甲虫"后，才知道那究竟是什么。因此，对每个人来说，他们的盒子里都可能不是"甲虫"。有人甚至会想象，盒子里的事物很可能是处于不断变化之中的。但倘若我们假设，"甲虫"这个词在他们的语言中具有某种意义，情况又会如何呢？

1　《哲学研究》：维特根斯坦的重要代表作，因其难以理解而著名。

如果真是这样，"甲虫"将不会被用作某个特定事物的名称。因此，在语言游戏中，盒子里的东西完全没有地位，甚至连"东西"都算不上——因为盒子甚至有可能是空的。

维特根斯坦否认了"甲虫"这个词具有任何纯粹私人含义的可能性——实际上，盒子里的东西与"甲虫"这个词的意义完全不相关。为此，他甚至借助某种数学逻辑来证明自己的观点：

不，在任何"表达式"中，盒子中的事物均可被"约去"——无论它是什么，都会被抵消掉。换言之，如果我们在"对象与名称"的模式上解析关于感觉的表达式的语法，对象将作为不相关的事物而被消去，剩下的就是"公用词语"了。

语言与行为主义

显然，维特根斯坦将心灵与盒子做了类比；正如我们无法知道其他人的盒子里究竟有什么，我们同样无法知道其他人的心灵中究竟有什么。因此，当某些人用一个词指代某种感觉时，我们也无法知道他们指的究竟是什么。尽管维特根斯坦并没有依附于行为主义，但其论证有时仍被视为对关于行为主义的心理学理论的支持。他声称，心灵就像"黑箱"：想要了解内部的心理过程是不可能的，我们只能根据其他人的行为作出推论——事实上，心理与行为之间并不存在区别。

因此，维特根斯坦论证到，对"疼痛"这样的词来说，其含义来自与它们有关的行为——单词与对感觉原始且天然的表达密切相关，并被用于相应的语境中。比如，一个孩子弄伤了自己并大哭起来。这时，大人们赶忙和他聊天，并先后教给他表达"疼"的叹词及句子——实际上，他们是在教给孩子一种新的表达"疼痛"的行为。

语言游戏

语言是一种我们每个人都在玩的游戏——游戏者需遵照基于心照不宣的共识产生的规则，从多种多样的行为中提取每个词的意思。每个人都是玩家，大家共同进行游戏，以让其一直进行下去。"所以（我能否）这样认为：人类间的共识决定了什么是正确的，什么又是错误的？这就是人类口中那些'正确'和'错误'的存在，大家是通过各自使用的语言来表示认同的——因此，这并非看法上的一致，而是生活形式上的一致。"

"维特根斯坦的甲虫"还与哲学中其他有关意识的问题，特别是"感受性问题"密切相关。所谓"感受性"，即个人的主观经验以及心灵的定性问题。当我们对其他人一无所知，就像对盒子里的甲虫那样时，我们怎样理解他们的感受性呢？又该怎样解释主观经验呢？这被视为有关意识的难题之一。人们则通过相关思想实验，对其进行了长时间的探索，比如"玛丽——色彩科学家"以及"哲学僵尸"。

身为蝙蝠是何感觉？

1974

——

　　想象一下，你是一只蝙蝠，正倒挂在洞穴顶端；想象一下，你无法用语言描述感觉和思想；你纵身跃入空中，借助"回波定位"在黑暗中飞行。那么，你是否能想象出某种方法，让自己以与蝙蝠相同的方式，经历上述体验呢？

　　1995 年，澳大利亚哲学家大卫·查尔默斯提出，关于意识的诸多问题，有"容易题"和"难题"之分，它们之间存在区别。具有讽刺意味的是，"容易题"恰恰是那些曾被启迪运动哲学家视为可能是世上最难的问题：解释诸如记忆或识别的认知能力。而"难题"则包括那些形而上学的问题，它们围绕被哲学家们称为"现象状态"的存在展开：体验的感觉方面。我们如何体验"现象状态"？它们怎样才能被描述或研究？究竟到了何种程度，它们才是"可知的"？

端点

在长达数十年的时间里，对哲学上"心身问题"的激烈争论一直持续着。而查尔默斯正是通过对这一争论的回应，解决了关于意识的"难题"。事实上，关于这个问题，至少可以追溯到笛卡尔的二元论时代。更具体地说，当时人们意识到了在身体和精神、大脑与心灵间，存在着现代人口中的"解释空缺"——早在1940年，西格蒙德·弗洛伊德[1]便已明确地阐述了这一存在。在《精神分析纲要》中，弗洛伊德总结道：

我们都知道，关系到我们口中"心理"（或"精神生活"）的只有两件事：一、它的身体器官及活动场所，即大脑（或神经系统）；二、我们的意识活动，作为直接数据，任一描述都无法充分地解释它。对于我们来说，存在于这两个端点间的所有事物都是不可知的，且据我们所知，它们间也不存在直接联系。

20世纪70年代，由于脑科学和其他领域的快速发展，对心身问题的讨论得以复兴。同时，一种关于意识的还原论观点随之产生——物理主义。物理主义者论证，心灵和大脑是同一的，且心灵和意识都具有物理性质。根据美国哲学家托马斯·内格尔[2]所说："物理主义的意思已经足够明显了：心理状态即是身体状态，心理事件即是物理事件。"

---

1 西格蒙德·弗洛伊德：奥地利精神病医师、心理学家、精神分析学派创始人。

2 托马斯·内格尔：代表作有《利他主义的可能性》、《人的问题》、《理性的权威》等。

你能够想象吗?

1974 年，内格尔在其论文《身为蝙蝠是何感觉？》中，向"物理主义实际上是令人信服的"这一观点发起了挑战。内格尔让读者思考一只蝙蝠在意识层面上的体验，随后他论证道："相信蝙蝠具有体验的基本条件是，某种'身为蝙蝠的体验'是确实存在的。"问题在于，对人类来说，根本没有办法真正经历那种"体验"。

内格尔特别指出了蝙蝠常用的"回波定位"："蝙蝠的声呐……与我们拥有的任何感觉……都不相同。而且我们也没有理由假设，它在主观上类似人类能体验或想象的任何事物。""（我们）很难发现，"他论证道，"是否存在某种方法，允许我们从自身状况推断出蝙蝠的内心世界。"而他在另一版本的思想实验里，将其更为直接地表达了出来："你能开始想象它了吗？"

绝望的忠告

内格尔认为，这个问题所要讨论的，是主观与客观间的不同。正因为其他人"体验的主观特性"是难以接近的，他才这样写道："（这）并不阻碍我们……相信他人的体验中也存在类似的主观特性。"问题在于："身为蝙蝠是何感觉"的主观体验，实际上是"我们无法想象它（即蝙蝠）的确切性质"的事实。由于主观（第一人称）体验不能被客观（第三人称）分析所描述，因此物理主义方法必然无法捕捉到它们。换句话说，"我感觉那像是……"不能用"他（她或它）感觉那像是……"来描述。

内格尔还提出，至少在当前的认知状况下，就其本身而言，物理主义是难以理解的："如果我们承认，某个关于心灵的物理理论必将导致体验的主观特性产生，那我们还必须承认，当前没有任何概念能为我们提供线索，以说明这是怎么做到的。"

需要注意的是，内格尔还谨慎地表示："'断定物理主义是不正确的'本身就是一个错误。"他的论证仅限于表明"物理主义处于我们不能理解的位置，因为目前我们没有任何想法来说明它如何才能为真"。在展望这一研究领域的前景时，内格尔给出的评价是严峻的："没有意识问题，心身问题将变得更无趣；而有了意识问题，它似乎就没有解决希望了。"

中文房间

1980

——

　　我们将一个男人锁在一间屋子里，然后向屋内投入用中文写成的问卷。由于这个男人并不会中文，那么在一个词都看不懂的情况下，他只能通过查阅一本记录中文语法规则与使用方法的字典来回答，再将答案交还给提问者。那么，"中文房间"与人工智能间又有什么区别呢？

　　1936 年 7 月，阿兰·图灵提出了"通用机"的概念——一个相当简单的设备，能通过遵从某种有效方法来执行复杂的程序。用数学术语来讲，所谓"有效方法"，即通过完成一组精确且循序渐进的指令，将输入转为输出。19 世纪末至 20 世纪初，该系统被原始计算机广为使用，就像人类记账员被雇来完成无须动脑的数据统计工作——他们根本不用懂数学，需要做的就只是"遵循某种方法，将输入转为输出"。

功能主义和多重实现

图灵的工作为日益强大且复杂的数字计算机的发展提供了启发，而在心理学和计算机科学的交界处，其成功促进了一个新领域——认知科学的诞生。认知科学引入了一种新的心灵哲学——功能主义，以及一个颇具影响力的、关于心灵是如何运作的新模型。

功能主义认为，对认知来说，重要的不是硬件，而是运行于其上的软件。大脑不过是一台复杂的机器，而心灵及意识则是它的功能状态。这自然而然地引出了一种基于计算机及计算机程序的心灵模型，其被称为"心灵计算理论"。而且它还暗示了一个重要原则的存在：多重实现，即同一程序能在不同的机器上运行，甚至可能在类型截然不同的机器上运行。

强人工智能与弱人工智能

换句话说，我们能通过多种不同方式实现包含心灵的功能状态，其中之一便是通过人类的大脑。但诸如理智或意识这样的心理状态，或许可以通过某种机器来实现。这是人类追逐人工智能的基础。根据定义的不同，人工智能存在强弱之分。弱人工智能理论主张机器能够模拟且检验人类智能，但无法像人类一样思考。与此相反，强人工智能理论则认为机器的心灵有着与人类相同的属性，包括理智与意识在内。

1980 年，美国哲学家约翰·塞尔[1]发表了一篇文章，对强人工智能的核心观点进行了强有力的反驳，这就是著名的"中文房间论证"。但是，塞尔绝不是第一个这样做的人。一直以来，强人工智能以及支撑其的功能主义哲学就有着悠久的被批判的传统。回溯"莱布尼茨磨坊"，我们会发现这恰恰是在攻击其前提——"对一个具有实体的机器来说，无论它多么复杂，我们都能捕捉到其意识的本质特征"。1974 年，劳伦斯·戴维斯提出了一个思想实验。其中，他用办公室职员及电话线路取代了神经元和其与大脑的联系——也许就像在一个巨型机器人体内。考虑到在体验"疼痛"时，神经元和大脑的协同作用，倘若我们让职员和电话线路精确匹配上述活动，戴维斯问道："这是否意味着，这个巨型机器人能够感知痛觉呢？"

抄纸机

1978 年，内德·布洛克[2]提出一个类似的思想实验。他提出，如果每个人都有一部电话和一张电话号码表，当某个人接到电话后，就打给号码表上的其他人。那么感知疼痛时大脑的诸多活动，完全可以类比成这种形式——人们在打电话时，甚至不需要传递什么信息。布洛克问道："但这个例子当真等同于虽然没有一个人感到疼痛，但整个地区却感受到了疼痛吗？"

---

1 约翰·塞尔：是当今世界最著名、最具影响力的哲学家之一。

2 内德·布洛克：是美国重要的心灵哲学家，他在意识研究中经常被引证和讨论的成果是关于意识四重区分的理论。

事实上，早在 1948 年，图灵就已提出了一个思想实验，而那直接预示了"中文房间"的诞生。在这个试验中，我们想象一台用于下国际象棋的"抄纸机"——一种适用于人类操作者的有效方法。如果人类操作者遵循一系列用英文写成的简单指令，那么她完全可能在对国际象棋一无所知的情况下行棋。但是，倘若棋步是以"棋谱语言"书写的，比如 f4xe5，那她可能连这说的是国际象棋都不知道。

意义与意向性

对图灵来说，在机器智能的问题上，比上述思想实验的意义更为重要的，仅有他应用于这一问题的行为主义研究方法——这促使他提出图灵测试。图灵认为，讨论机器是否"真的"理解了什么是不可能的，我们只能说它好像"理解"了，抑或没有。但是，对于塞尔那样的人来说，对意义和意向性（存在外部对象，比如"与某事'有关'"）的思考绝对是人工智能的中心议题。

1980 年，塞尔首次提出了"中文房间"论证。到了 1999 年，他把它精简为一种简化形式：

倘若我们把一个以英语为母语的男人锁入一个房间，屋内满是装有中文字符的箱子（数据库），以及一本写有如何使用它们的说明书（程序）。这时，屋外的人向屋内投入其他的中文符号——屋内的人并不知道，那其实是中文写成的问题（输入）。而屋内的人只需依循说明书的指示，就能用中文给出正确答案（输出）。

那么，"说明书"便使屋内的人在完全不懂中文的情况下，通过了中文的图灵测试。

换句话说，"中文房间"就像一台能够通过图灵测试的电脑：

如果在执行了能让人理解中文的程序后，屋内的男人还不懂中文，那么，在同样的条件下，任何电子计算机也都无法做到这一点，因为计算机有的东西……那个男人都有。

只有语法学，全无语义学

对于塞尔来说，"中文房间论证"的目的在于，解决关于"对符号的形式计算可以产生思想"的争议——一台计算机遵循有效手段，简单地操作符号，从而处理由符号组成的输入，并生成符号式输出。它的关键特征是，这一过程仅处理"语法"（决定符号排序的语法规则）而非"语义"（各符号的意义）。"所谓'计算'，"他指出，"纯粹是从形式或语法上定义的。然而，心灵有真实的心理或语义内容，我们无法仅通过对语法的操作，从语法中得到语义。"

塞尔认为："机器智能必然忽略了大脑在生物学上的特殊力量，而这种力量引发了认知过程的产生。"他还强调，心理状态是真正的生物学现象，其基于具体表现和与物理世界的相互作用，形式与消化或光合作用类似。这一观点已因具有碳基／原生质沙文主义[1]色彩而被批判，因为它从原则上摒弃了智能"并非建立在

1　沙文主义：资产阶级侵略性的民族主义。

基于碳的'原生质'生物学之上"。

对"中文房间"的回应

关于"中文房间论证"的力量到底有多大，我们可以从它已获得的广泛回应中判断出来，而这些回应可以分为几类。其中，"系统回应"论证到（形式上与某些对"莱布尼茨的磨坊"的回应类似），塞尔正在一个错误的层面进行思考，而且，尽管屋内的男人并不懂中文，但"中文房间系统"这一整体仍能被视为是懂中文的。另一类回应承认，虽然"中文房间"式的人工智能或许失败了，但倘若它能够体现人类大脑的功能（"机器人"回应）或与其足够相似，可以模拟神经元、突触和并行处理（"大脑模拟器"回应），那么它就算成功了。与此相关的则是另一种批评的声音："中文房间"式的人工智能无疑是低劣的。心理哲学家理查德·格里高利[1]指出："'中文房间'预言并不能说明基于计算机的机器人无法像我们一样智能——因为按照该学派的说法，我们同样不是智能的。"

基于与图灵测试蕴含的原理相似的理论，"他心问题"的回应批评了塞尔的结论：如果房间看上去能说中文，那我们为什么不能认为它就是能说中文呢？假使我们并不认同，那么出于同样的原因，我们就应该否定"他心问题[2]"中与之相似的某些部分。比如，如果一

1　理查德·格里高利：英国心理学家，曾是加州大学洛杉矶分校、麻省理工学院的客座教授。

2　他心问题：如果只能观察到人的外在表现，我怎么确定他具有心智？

个外星人在地球登陆，而且它看上去是具有智能的，我们是否应拒绝将意义和意向性归之于它？这与"哲学僵尸"思想实验密切相关。

恒温器的意向性

哲学家丹尼尔·丹尼特强烈地批评了"中文房间论证"。他攻击了塞尔所主张的"意向性是为人类心灵而留存"，还做出了这样的论证——我们可以认为一个简单设备也具有意向性，比如一台恒温器。"它有基本目标或需求（其……由恒温器的主人……设置），当认为自己的需求没有得到满足时（多亏了某种传感器的帮忙），便会发挥适当的作用。"丹尼特还认为，当一个恒温器能被数学或分子术语描述时，"如果你想描述所有恒温器的设置……你必须将其上升到意向层面。"他进而论证到，捕捉恒温器共有特质的唯一方法，就是谈论信念和欲求。所以，举例来说，我们完全有理由认为，一台恒温器"想要"保持房间温暖。

控脑外星人

哲学家朱利安·摩尔提出了"中文房间"思想实验的一个变种：先进的大脑扫描技术披露，摩尔的大脑实际上被一个定居于此的外星小矮人所控制——它使用一本"塞尔式"语法手册来用英文回答问题。诚然，小矮人可能不懂英语，但这是否意味着，摩尔"懂英语"的主观体验是错误的呢？"我找不到必须失去英语能力的原因，"摩尔写道，"而仅因为我揭示了关于（我的大脑）运作的某些未知方面，就怀疑我是否懂英语，同样是毫无道理的。"

塞尔反驳了许多类似的批评——它们并未解决他的核心问题，即"纯粹的语法程序不能生成意向性和意义"。然而，并非所有人都同意塞尔那"语法不能生成语义"的前提。比如，塞尔的观点就对其自身提出了疑问。比如，塞尔认为"意向性"来自哪里？因为他坚称人脑（有机硬件）是必不可少的。那么他是否相信，意向性确是由大脑产生的，比如以某种方式分泌出来？

玛丽—色彩学家

1982

——

玛丽在一间只有黑白两色的房间内度过了一生，她从未看过其他颜色。但是，她学习了已知所有关于颜色的物理事实（从对电磁波的数学描述到用于色彩感知的神经关联），并成为一名出众的色彩学专家。那么，当她第一次走出房间并看到红色时，她会学到新东西吗？

在哲学中，"意识"问题的主要战场之一位于"感受性"领域：有某种体验究竟是什么感觉？感觉、情感和知觉究竟是什么样子？体验它们时会有什么感觉？对"感受性要优于从科学或物质术语中捕捉它们的一切尝试"这一概念来说，这些问题在本能上有着极强的吸引力。美国哲学家、心理学先驱威廉·詹姆斯便将其比作"提供一张打印好的菜单，便相当于提供丰盛的一餐"。

知识论证

对于心身问题（参阅"身为蝙蝠是何感觉"），在物理主义者哲学看来，感受性必然属于物理事实。因此，同其他物理事实一样，它必然是可知的，我们或许能通过阅读或学习来了解它。如果通过这些方法，它仍然不可知，那么物理主义必然是错误的。由于感受性包含的知识远远超过了物理主义所能提供的，所以其被视为"反物理主义"的知识论证。而存在超越物理范畴的认知或事实的可能性，则驳斥了物理主义的有效性。

这恰恰是最著名的"反物理主义"论证之一背后的道理——在澳大利亚哲学家弗兰克·杰克逊提出的思想实验"玛丽知道了什么？"中，就诠释了一件"感受性上的怪事"。1982 年，杰克逊在《哲学季刊》[1]（1982）发表了题为"副现象的感受性"的文章，其中，杰克逊这样介绍玛丽："（玛丽是）一位聪明的科学家，但出于某种原因，她被迫待在一间黑白房间里，只能靠一台黑白监视器研究世界。"玛丽掌握了人类看到不同色彩时体验到的"全部物理信息"。"当玛丽被释放出来，或得到一台彩色监视器时……"，杰克逊问道，"将会发生什么？她会不会学到什么？"

解释空缺

杰克逊的回答是肯定的："显而易见，她将学得某些关于世界的知识，以及这种色彩带给我们的视觉体验。"早先，她已经

---

1 《哲学季刊》：美国匹兹堡大学主办的哲学杂志，创刊于 1916 年，季刊。该杂志主要刊登哲学各专业学科的论文。

掌握了关于颜色的物理事实，而现在，通过体验不同颜色带来的感觉，她还学会了某些新东西。因此，感受性范畴无疑存在比物理事实更多的东西，所以物理主义必然是错误的。美国哲学家约瑟夫·莱文则把"用物理学术语描述感受性"的问题称为"解释空缺"。

"蓝香蕉"恶作剧

物理学家对杰克逊的前提和结论提出了质疑。比如，当玛丽看到一个红色的苹果时，她或许能轻松地识别出红色，因为她了解红色的一切。丹尼尔·丹尼特提出了"蓝香蕉恶作剧"以测试玛丽：假如我们给玛丽看一根被涂满蓝色的香蕉，她将知道那不是它本来的颜色，这证明她早已知道看到蓝色时会有什么感觉，尽管她从未看到过它。如其不然，在没有真正体验不同颜色带给我们的感觉时，我们也许根本不可能掌握有关这些感觉的全部物理事实。或许，尽管体验在感觉上属于物理范畴，但我们并不能用物理术语来描述它们。

杰克逊改变了他对物理主义和知识论证的看法，并写道：他现在选择"与科学同行站在一起"，并"屈服于"物理主义。但是，他依然重视玛丽那基于直觉的吸引力和知识论证——"这些论证是如此引人注目。"而且他还认为，这个"有趣的话题"解释了它们究竟错在哪儿。

哲学僵尸

1996
——

　　柯克医生将大脑扫描仪降到僵尸脑袋的正上方，然后一拳打在他脸上。"哎哟！"，僵尸大叫——他看起来和正常人没什么两样，"疼死了！我现在正处于剧烈的疼痛之中。"他的面部痛苦地扭曲着，扫描仪证实，他的大脑正处于某种状态之中，而那与真正的人类感受疼痛时完全一致。"奇怪，"柯克医生思考起来，"据我所知，这个僵尸应该没有任何意识经验才对啊。"

　　在心灵哲学中，所谓的"僵尸"不同于民间传说或通俗文化中的僵尸，为了便于区分，有时我们将其称为"哲学僵尸"或"P-僵尸"。关于哲学僵尸的定义是变化的，但一般来说，它都被描述为"与人类相同，但缺乏意识经验（或现象经验）、感受性或意向性"——这些术语意图捕捉的现象是相似的。在遇到疼痛时，具有意识的存在并不简单地以某种形式表现出"好像在经受疼痛"，他们还有某种意识上的主观体验。对某些事物来说，它们好像能感受到疼痛，但对一个僵尸来说，任何感觉都是不存在的。

若要做个简单的类比，就是"你的电视不可能感到疼"。你用心制造了一台精巧的电视——当你击打它时，它会畏惧地退缩，然后四处翻滚，并"哎哟"一声大叫起来——换句话说，它给出了关于疼痛的所有行为主义表现。但是，这台电视可能并没有真正体验到疼痛。而"哲学僵尸"远远超越了这台电视。"P–僵尸"的特征是：它不仅能表现出它"好像"有意识，甚至有着与那些具有意识的比对物相同的大脑状态。

机器人与因果关系

笛卡尔曾无限接近"哲学僵尸"这一概念——当时，他以某种概念把人类与动物区分开来，但未将其归因于意识。他认为动物是机器人，因为它们的行为完全可以用物理学术语解释。他考虑过制造一种"仿人类机器人"的可能性，但在后来，考虑到这样一种生物在语言或行为上并没有创造力，他又摒弃了这一想法。如果一个人失去意识，他的身体没准儿还能工作一会儿，甚至能在不需要动脑筋的情况下走路或唱歌，而我们很容易就能将他与正常人区分开来。

科学的发展预示着，所有物理现象都可以用物理学术语来解释，因为每个物理效应都有与之对应的物理原因，由此，物理原因便能解释任一物理效应：据说物理世界"在因果关系下是闭合的"。神经生理学（关于大脑的工作原理和生理学过程的研究）似乎开始将这一闭合扩展到人类行为范畴，这导致了物理主义哲学的产生——它认为，意识也完全能用物理术语来解释。但是，由于意识很难用这种形式解释，所以它被认为是"非物理"的。正因如此，由于物理世界在因果关系下是闭合的，所以意识也是"非因果"的，也就是说，在物理世界中的各种结果（比如行为）产生的过程中，意识不起任何作用。换句话说，意识源于大脑的状态和行为，但并非导致其产生的原因。相反，它只不过是物理过程的副产物或副现象。副现象属于继发现象，即另一个现象的副产物，所以它只能伴随某一个现象存在，而不能导致其发生。

有意识的机器人

英国生物学家 T.H. 赫胥黎[1] 将上述观点描述为：在这一观点中，人类被视为"有意识的机器人"——前面所说的"僵尸"，但当时还未有此名。这一观点对于物理主义世界观有着重要影响。英国哲学家 G.F. 斯托特认为，如果个体体验在宇宙中没有发挥因果作用，那么宇宙将与"不存在且从未存在过任何具有体验的个体"时完全一样。"人类的身体"，如他所描述的那样，恰好在做同样的事情："装模作样"地建大桥，给别人打电话讨论唯物主义。当时，如今人们口中的"僵尸宇宙"，则被斯托特称为"对常识来说无疑是难以置信的"。

1 T.H. 赫胥黎：英国生物学家、达尔文主义的维护者与宣传者。

"伸手不见五指"的内部

1974 年，英国哲学家罗伯特·柯克首先在哲学领域使用了"僵尸"这一概念。到了 1996 年，大卫·查尔默斯在其著作《有意识的心灵》[1]中给予了它有力的支持。正因如此，在物理主义和功能主义（坚信心理状态是一种功能状态，且能用纯粹的物理术语来描述）联军，与反物理主义和二元论联盟那旷日持久的论战中，"僵尸"得以成为双方均可接受的概念之一。这里，我们不妨引用艾丽丝·默多克对关于人类心智的行为主义观点的描述："其内部悄无声息，伸手不见五指"。查尔默斯则将"僵尸"描述为："（一如）在物理上与我相同的某物，但它没有意识经验——其内部完全是黑暗的。"

僵尸与非僵尸在各方面都是相同的，甚至包括物理上的脑状态在内。因此，对一位脑科学家来说，想通过任何脑扫描仪或其他物理调查把它们区分开来，都是不可能的。而二者间仅有的差异在于，有些现象常与脑状态联系在一起，但僵尸并没有关于它们的意识经验。僵尸可能会说它现在"很疼"，并表现出其处于疼痛中的任一迹象——从在地上打滚到大脑皮层中 C 类纤维的肿胀。但这些实际上都是某种形式的哑剧而已，对于僵尸来说，它

1　《有意识的心灵》：2013 年出版的图书，作者是大卫·J. 查默斯。书中主要介绍了：意识是什么？大脑物理过程如何能够产生自我意识的心智，产生爱与恨的深刻情感，产生审美的愉悦和精神的渴望？这些问题直到今天依然是科学家和哲学家激烈争论的焦点。查默斯在论证科学的还原理论不能解释意识的本质的基础上，提出了意识研究的二元论观点。按照这种观点，意识必须被理解为不可还原的实体（类似于事件、空间和质量这样的物理性质），这种实体在一个基本的层面上存在。

还是缺少对疼痛的感受性。

篡改物理主义

　　对于查尔默斯和其他那些被柯克称为"僵尸主义者"或"僵尸的朋友"的人，僵尸思想实验意图证明"物理主义必然是错误的"。如果有这样一个存在，它与我们在物理细节上完全相同，包括物理上的脑状态在内，但却没有意识体验，那么物理上的脑状态必然不同于心理状态，物理主义便是错误的。物理主义主张：如果意识是一个纯粹的物理事实（称其为命题A），那么，在任何可能存在的世界（其物理事实与我们所在的世界中相同），人类必然有意识（称其为命题B）。由此可知，如果A，那么B。但是，如果我们设想这样一个世界：那里的物理事实与我们这里相同，但有P-僵尸存在，人类不需要意识，所以物理主义论证必然是错误的。在谓词逻辑中：如果A，那么B；非B，因此非A。

　　起初，物理主义者的回应认同了僵尸是可想象的，但却否认了它们是可能存在的。尽管有些事情能被清晰且连贯地想象出来，但终归还是不可能的。比如我们能够想象，水可能有一种不同于H_2O的化学表达式，但这一想象情境实际上是不可能存在的。

　　类似地，在僵尸的帮助下，尽管我们能够想象，人类的脑状态可以在没有相应的意识状态下存在，但由于人类的脑状态与意识状态是同一的，事实上这一情景仍然不可能出现。因此，脑状态不能在没有意识状态的情况下独立存在。反物理主义者则否定了上述观点：一旦我们知道水和 H_2O 是同一的，我们便能想象水拥有其他的化学表达式；而对"僵尸"问题来说，关于物理世界，无论我们学到了什么，我们仍能想象僵尸的一切。

来自物理主义的另一回应，则指责僵尸论证为了解释意识，使用了未经证实的假设作为论据。具体来说，它假设除功能主义的阐述外，感受性都是必要的：僵尸由"缺乏感受性"定义，若是功能主义否认独立于功能性解释的感受性的存在，其指责自然无须辩驳。

夹克谬论

柯克成了一个"反僵尸主义者"，他声称："'僵尸主义者'一手创造了我们口中的'夹克谬论'。他们错误地假定，在完整地保留个体的其他主要属性时，现象意识是可被剥离的。"换句话说，P-僵尸根本算不上一个连贯的概念。通过扒下某一个体"现象意识的夹克"来让其变为僵尸，实际上是在破坏该个体的其他主要特性，严重到足以让他与原本的自己完全不同。

美国哲学家丽贝卡·汉拉恩论证到，除非某人信奉"唯我论"观点——没有他心是可知的，否则僵尸根本不可理解。她论证道："考虑到我们无法直接介入其他存在的现象学（即他们的主观意识经验）"，想要确定其他人实际上是僵尸，唯一的方法便是借助某种物理事实或行为事实。然而根据其定义，"这样的证据，对我们和对他们来说都是真的。所以，倘若你想否认现实世界中人类的心灵与行为间的联系，你同样得否认这些生物（僵尸）的相应联系。"这种哲学认知被称为唯我论，"他人的行为并不能作为其感受到什么的证据，因此除了自我以外，根本没有其他意识存在。"如果我们拒绝唯我论，就像大多数反物理主义者可能做的那样，"（那么）我们不得不承认，我们将永远没有理由相信'（哲学）僵尸'可能存在。"

戴维森的"沼泽人"

　　根据从漫画书中得到的灵感，美国哲学家唐纳德·戴维森提出一个类似 P- 僵尸的思想实验。他想象自己在一块沼泽地漫步时，被一个不期而至的闪电球袭击了。与此同时，另一个闪电球重新排列内部分子，使得自己"在戴维森死亡的同时，恰好呈现出与他身体相同的模样"。诚然，这个沼泽人的外形、行为举止甚至发出的声音都像极了戴维森，但由于缺少与其他事物相联系的因果链，它并没有意向状态，也就没有意识。与 P- 僵尸一样，"沼泽人"向物理主义的正确性和功能主义对意识的解释发起了挑战。

CHAPTER THREE

何以为善

　　道德哲学（又名伦理学）探寻如何最好地造就美好生活，以及什么构成了对与错。通常，这一类型的判断会表现出先验假设和偏见，或是落入逻辑陷阱之中。思想实验和悖论则揭露了此种思考的极限究竟在哪儿，并向其结论发起挑战。同时，在某些例子中，现实层面的实验是不道德甚至不可能的，而思想实验和悖论正好为之提供了一个天然的测试区。

布里丹之驴

大约 17 世纪

想象一下，有这样一头驴，它又饿又渴，但二者的程度相同。现在，我们将它赶到食物和水之间，且与两侧的距离相等：它无法选择其中一个而放弃另一个，所以终将死于无所作为。

在中世纪法国学者琴·布里丹提出这一思想实验之后，它便被称为"布里丹之驴（从驴的意义上说）"。实际上，早在布里丹之前，就已有人提出了该思想实验。而它之所以与布里丹有所联系，或是对他的讽刺，或是挑战其道德决定论哲学。大约在公元前 350 年，"布里丹之驴"出现在亚里士多德的《论天国》中，这是有关它的最早记载："一个男人又渴又饿，且二者的程度相同。那么，将他置于食物与水之间，他必然保持原地不动，直至饿死。"

僵局

亚里士多德将这一场景视作对"地球运动"论的荒谬类比——事实上，他认为其与"地球运动"论同样荒谬。但随后这种说法摇身一变，成了反驳布里丹关于"道德选择应由功用决定"观点的"武器"。他认为，当人在多个备选方案中做出选择时，一定会选择能带来更大好处的那个。同时他论证道："我们应对这两种方案做出平等的评判，然后就会发现，无论怎样思考，都无法打破僵局，所能做的只是，等到环境改变再做出决断，最终明确哪种方案才是最好的。"这就是后来的作家们试图用"布里丹之驴"讽刺的"悬而不断"。

合理的非理性

"布里丹之驴"通常被援引为悖论，但根据不同的理由，存在各种各样的解读。一类推理过程产生于此种形式的悖论——驴被置于两团干草之间，因此注定命丧优柔寡断，但若只有一团干草，驴将会活下来。而这无疑将引出一个悖论——驴明明有更多的食物，它却饿死了。另一种解读则是摆脱两种平等的理性选择所带来的困境的明智方法——做出非理性选择（举例来说，若是用某个人替换布里丹的驴，他便可通过抛硬币决定选择哪边的食物）。因此，思想实验似乎是在说明，有时理性行为就是武断地行动（由于这种行为"并非因理性而产生"，所以它就是非理性的）。

巴鲁克·斯宾诺莎则援引自由意志来驳斥"布里丹之驴"。他写到，在这样一种情境下，一个快要饿死的男人将类似于"一头驴或一座男人的雕像，而不是一个男人"。斯宾诺莎认为，一个真正的人类"能自己做出决定，有能力跟随意愿做出选择，并做自己想做的事"。迈克尔·豪斯凯勒[1]也提出，"布里丹之驴"作为一个对自由意志的可行测试，建立在决定论之上："想要明确你（的意志）是否真的自由，你将不得不把自己置于（类似）布里丹那不幸的驴的场景中……如果在这样一种'平衡'的情况下，你仍能做出选择，那就证明了你意志的自由。"而与之相关的悖论之一就是纽科姆悖论。

布里丹的人工智能

有些时候，这个思想实验是不被考虑的，因为它永远无法"复制"到真实的驴身上（有些事情根本不可能保证，例如，存在两个具有同等吸引力的食物来源）。但实际上，在计算机和人工智能领域，它与现实世界却有着强有力的联系。不难想象，一个电路或程序会被两种截然相反的输入搞得陷入停滞。科幻小说家艾萨克·阿西莫夫就曾在他的一篇关于机器

---

1 迈克尔·豪斯凯勒：哲学家。

人的小说中探寻过此种情形：一个机器人由于在决策时陷入了"布里丹之驴"的困境，因而产生了短暂的犹豫，最终难逃被销毁的命运。为了解决类似的困境，在不久的将来，无人驾驶汽车和其他自主式机器人可能需要重新被程序化。

洛克的密室

1690

———

一个男人被锁在某个房间内，但他并没有意识到这一点。那么：他待在这儿是出于自身意愿吗？如果他没有其他选择，道德又是否应对这一选择负责？

1690 年，英国哲学家约翰·洛克提出了"密室"思想实验。洛克拒绝承认术语"自由意志"的存在，并将其描述为"难以理解的"。反之他认为，真正重要的是，我们能不受意愿的控制："我认为'意志是否自由'这个问题本身就是不恰当的，应该是'一个人是否是自由的'。"当时他一直在发展托马斯·霍布斯[1]的观点——后者断言，最重要的是"缺乏对行动的约束"。如果某些

---

1 托马斯·霍布斯：英国政治家、哲学家。早年就学于牛津大学，后做过贵族家庭教师，游历欧洲大陆。他创立了机械唯物主义的完整体系，指出宇宙是所有机械地运动着的广延物体的总和。他提出"自然状态"和国家起源说，指出国家是人们为了遵守"自然法"而订立契约所形成的，是一部人造的机器人，反对君权神授，主张君主专制。他把罗马教皇比作魔王，僧侣比作群鬼，但主张利用"国教"来管束人民，维护"秩序"。

个体被迫做出实际或潜在选择，这就是迫不得已地行动，是不自由的。

屋子里的男人

然而这不能与意志相混淆：一个人想要或愿意去做的事情。为了阐述他的观点，洛克提出这样一个思想实验。

假设我们趁一个男人熟睡之时，将他关进一间屋子里，屋内还有一个人，那是他渴望看到并与之交谈的挚友。在熟睡男人进入屋子的刹那，门就被锁上了，而他靠自己的力量根本不可能逃出去。许久，这个男人缓缓苏醒，他高兴地发现，自己竟处于如此令人满意的环境中，于是他欣然住了下来——也就是说，与逃出去相比，他更喜欢被关在里面。我想问的是，这个逗留不是自愿的吗？我认为没人会怀疑这一点。然而，"被迅速锁进屋内"这一事实，恰恰就是"他无法自由地离开"的证据，他根本不能自由地离开。

洛克认为，在这样一种情形下，密室中的男人拥有的不过是"自由意志"的幻觉。该思想实验告诉我们，意志能够与必然性共存："自愿……并不反对必然。"

王子与贫民

为了探寻有关身份连续性的问题，洛克又提出了一个思想实验。想象一下，一位王子与一名贫民突然以某种方式交换了记忆，以致王子的身体里有了贫民的记忆，反之亦然。那么，谁是王子，谁又是贫民？到底是王子获得了贫民的记忆，还是贫民获得了王子的身体？对于洛克来说，该思想实验表明，人格同一性由精神（或心理）同一性造成（也就是说，贫民接纳了一位王子的身体）。但是，有其他几个思想实验（参阅"帕菲特的传送门"）向这一观点发起了挑战。

法兰克福式案例

在洛克设计的"密室"情境中，假设的"其他情境"已经被排除了。因此，它成了首个有记录的"法兰克福式案例"的实例。所谓"法兰克福式案例"，是哲学家哈利·G.法兰克福提出的一系列思想实验——其中，存在一个强大的执法者或实体（姑且称其为"布莱克"），他能塑造一个人的思想，以此来排除出现不同于他想要的选择的所有可能。像"洛克的密室"和其他法兰克福式案例，常被用于测试宿命论（会约束选择并排除其他行为）是否与自由意志乃至道德责任相容。洛克相信，虽然从任何角度讲，"密室"情境都可被接受，但宿命论与道德责任还是相容的。

道德责任

想象一下，（之前被锁在）房间里的男人听到，在门（门是锁着的，但他并不知道）的另一边，有人正准备做些卑劣的事。如果他没有设法干预，他在道德上负有责任吗？一种观点是，因为男人是自愿待在房间里的，所以他在道德上有责任。另一种观点则认为，道德责任只有在某人本可以阻止却并未采取行动时存在——但我们都很清楚，在这一情形中，房间里的男人无法选择干预。

一个潜在的重要考量是，房间里的男人是否至少尝试过离开——或许在确定道德责任时，"有意向去做（或选择）"比"成功地行动（或选择）"更为重要。然而，尽管在法兰克福式案例中，执法者布莱克能够规避"考虑不同选择"的潜在可能，但即便如此也无须将道德责任排除在外。根据美国哲学家约翰·费舍尔所说："在没有做出其他选择或行为的自由的情况下，一个人能自由地做出选择并行动，由此，某种基于道德责任的控制得以显现。"（意思就是，人们可以自由选择并行动，但这样就失去了做出其他选择和行为的自由，由此可见，存在某种控制。）

囚徒困境

1950

———

　　倘若你和我组成了一个犯罪团伙，而某日我们不幸被抓获。如果你供认不讳，而我拒不认罪，那么你将被释放，而我将被判无期徒刑，反之亦然。如果我们都不认罪，我俩都将被释放；但如果我们都认罪，则会被判个适中的刑期。奇怪的是，对我俩来说，最好的策略居然都是认罪。

　　以上是对"囚徒困境"的简要说明。它是博弈论中的一个经典问题，是关于"在竞争或冲突情形下做出决策"的数学研究。博弈论通常适用于传统定义下的游戏（比如牌类游戏），其适用范围还可扩大至更为广泛的领域，如国际外交、经济学甚至进化生物学。

博弈论

　　已知对博弈论的最早探寻是"帕斯卡的赌注"，但直到 19 世纪，对"博弈论"类游戏的严谨数学分析才出现。到了 1928 年，匈牙利－美国数学家约翰·冯·诺依曼阐述了其关于室内游戏的理论，由此，"博弈论"正式走上了历史舞台。博弈论着眼于理性行动者（玩家或参与者）如何通过策略或行动使利益最大化。其令人惊讶的发现之一是，某些时候，选择带来非最佳结果的方式也是符合逻辑的。而诞生于 1950 年的"囚徒困境"，则对这一点进行了强有力的阐释。

芬格斯·马龙和约翰尼·图坦姆斯是一对诈骗犯，某日，他们终被警察逮捕。很快，他们便被安排在不同的审讯室进行审讯。警察向他们摊牌：如果两人都保持沉默，他们可能被以较轻的罪名定罪——在监狱中服刑一年；但若是一人认罪，另一人保持沉默，那认罪的将被释放，沉默的则被判处 20 年徒刑；如果两人都认罪，则将各被判 7 年徒刑。他们应该怎么做？乍一看似乎很明显：两人都应保持沉默。因为他们只要合作，就能逃过严厉的刑罚。但是，如果我们将两人（选用）的策略和（其所带来的）结果放入矩阵之中，不同的答案就出现了。

		芬格斯·马龙	
		认罪	否认
约翰尼·图坦姆斯	认罪	7/7	0/20
	否认	20/0	1/1

风险与报偿

上面的矩阵表明，对他们两个来说，"否认"将会带来最差的（风险／奖励）权衡（"获刑 20 年"的风险 vs "获刑 1 年"的奖励），反之，"认罪"则会提供更好的权衡（"获刑 7 年"的风险 vs "无罪释放"的奖励）。此外他们还清楚，对方是理性行为者，因此将会作出与自己相同的理性评估，并得出同样的逻辑结果。所以，尽管"认罪"意味着 7 年徒刑而非 1 年，但其仍是最优策略。

对博弈论，特别是在此类情境下的博弈论来说，可能跟真实世界关联不大。但实际上，博弈论已被用于大型联邦拍卖的策划，比如，1994 年，美国政府拍卖无线频谱使用许可证，其不仅带来了 70 亿美元的收入，也被《纽约时报》认定为"史上最大的拍卖"。同样地，我们用博弈论来分析美国流行运动，会发现：在棒球比赛中，投更多的快球可以让失分最多减少 2%，对一个美国职棒大联盟的俱乐部来说，这足以让其在一年里多赢两场常规赛；而在橄榄球领域，将传球成功率从 56% 提高到 70%，可以让球队在单赛季里多得 10 分。

利剑还是文字？

实际上，在现实世界，存在与"囚徒困境"相对应的场景。想象一下，倘若两个国家签署了裁军协议，为了遵守各项条款，他们应该采取怎样的策略？类似地，纯粹的理性研究法可能让两个国家得出相同的结论——撕毁协议。这般思考突出了对法律的需求，并大幅增强了防范类似思考的力量。托马斯·霍布斯的悲观构想如是说："破坏契约的并非利剑，而是文字。"

如果此种利己的犬儒主义策略在某些时候是合理的，为什么人类没有向"更多地展现它们"的方向进化呢？事实上，大多数人类社会和动物种群，都表现出诸如"利他"和"合作"的特质，因此"囚徒困境"似乎是种阻碍。然而，真正关键的因素可能是：在现实生活中，曾发生过此类困境的多重迭代，而这改变了运算。计算机模型证实，如果考虑多重迭代，最优策略就会发生改变——利他主义与合作可能被奖赏，而自私自利与背叛则将被惩罚。而我们的确能在人类社会中看到其存在。

电车难题

1967

————

一条铁轨缓缓向远方延伸，在其分叉处有一柄控制杆，它可以控制列车的行进方向。此时，在一侧的岔路上，五名工人正在忙碌；而另一侧只有一名工人。现在，一辆有轨电车正向岔口猛冲而来，而你刚好站在控制杆旁——你会为拯救五个人而牺牲那一个人吗？

这就是"电车难题"。时至今日，它已成为道德哲学领域最为流行且研究价值最高的思想实验之一。主张"让利益最大化"（对大多数人来说最大的利益）的功利主义原则给出了一个相当明确的答案：你应该拉起控制杆，毕竟牺牲一个人就能拯救五个人，这无疑是更好的选择。然而事实证明，在这个看似简单的问题内，有着一系列的纠纷、暗示以及应用。围绕"电车难题"，名为"电车学"的学科得以兴起，

思想实验：当哲学遇见科学

成为了美国陆军军官学校西点军校学员的"必修课"。随着无人驾驶汽车技术的快速发展，人们迫切需要在"电车难题"中取得新发现。

失控的有轨电车

1967 年，英国哲学家菲利帕·富特[1]最先提出了"失控的有轨电车（在英国被称为 tram，而在美国被称为 trolley）"难题。她援引了一个"哲学家们众所周知"的故事：一群洞穴探险者陷入了这样一个困境——洞口被一个胖男人严严实实地堵住了，现在他们必须做出选择，是让洞里的人们被不断上升的洪水淹死，还是用一捆炸药移除堵住洞口的"障碍"。随后，为了与这一场景进行对比，富特又提出了另两种情境。其一，在某个法院里，一伙暴徒劫持了五名人质，以逼迫法官判一名无辜的男人有罪并处以死刑，法官会为了平息暴徒的怒火而杀害无辜者吗？另一个则涉及"一辆失控的有轨电车的司机"，面对分成两条岔路的铁轨，他必须马上做出选择：是冲向有五个工人的那一侧，还是掠过只有一个工人的那一侧。因此，在这两种情境下，一个男人的生命被用来换取五个男人的生命。"问题在于，"富特说道，"虽然大多数人会为'无辜的男人该死'这一观点胆寒，但我们为何还是该说'司机应毫不犹豫地驶向有

---

1 菲利帕·富特：哲学家。他提出此难题的目的在于批判伦理学的主要理论，特别是其中的功利主义（utilitarianism）。此类理论认为，"将大多数人的利益最大化"才是最道德的。

着更少人的轨道'呢？"。

一个颇为有趣的难题

随后，对"电车难题"的讨论便陷入了沉寂。直到 1985 年，美国哲学家朱迪斯·贾维斯·汤姆森[1] 开始研究"电车问题"，这才使其焕发了"第二春"。汤姆森称其为"一个颇为有趣的难题"，并这样写道：她问过的每个人都同意，"电车问题"是被道德允许的，有些人甚至认为这样做在道德上是必要的。但她十分怀疑，"电车难题"是否真的如此容易解决。随后，她通过各种各样与之类似的思想实验，对"电车难题"展开了进一步的研究。

首先，为了与"电车难题"里反复出现的"电车司机"区分开来，汤姆森设计了一个名为"控制杆边的旁观者"的角色。在富特设定的场景中，电车司机控制方向；而在汤姆森的设计中，电车的方向由一名站在控制杆边的旁观者决定。虽然诸多证据可以证明，在导致五人死亡这件事上，司机的主动性比袖手旁观的旁观者大得多，但汤姆森仍承认，大多数旁观者依然会采取行动。

1　朱迪斯·贾维斯·汤姆森：现任麻省理工学院哲学荣誉教授，她主要研究领域在于形而上学和道德哲学。2016 年 9 月，被美国教育网站 The Best Schools 选为全球 50 位最具影响力的健在哲学家。

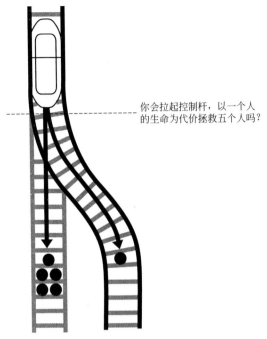

你会拉起控制杆，以一个人的生命为代价拯救五个人吗？

切换方向在道德上是正确的吗？

胖男人

随后，汤姆森提出了"电车问题"的第二个"变种"——她称其为"胖男人"。在这个例子中，你站在一座横跨电车轨道的大桥上，看着它猛冲向五个毫无准备的工人。此时，站在你旁边的是一个胖男人，假如你把他推到轨道上，虽然电车会撞死他，但他那肥硕的身形足以阻止电车前进。那么，你该将这个胖男人推下桥吗？人们告诉汤姆森，他们不会。

汤姆森的论文引发了关于"电车学"的狂热，在这一过程中，出现了 5 种伦理学范例，它们构建了"电车难题"（以"旁观者"视角为例，用宽泛且简单的术语总结）的不同答案。功利主义者的回应是扳动控制杆，让电车驶上一个人那侧的铁轨，因为这么做会导致更有利的结果——正因如此，这又被称为"结果论"。美德伦理学家也会扳动控制杆，因为这种行为符合其特征或自然倾向——这么做是善良的，与有德者的行为类型一致。道义论者则不会采取任何行动，因为道义论考虑的是善举而非结果：不可因目的高尚而不择手段。请注意，本例中的"手段"也包含"故意杀人"，因此不考虑"无作为"的结果。神命论理论家们将不会扳动控制杆，因为这么做涉嫌故意违背上帝诫命——上帝说"汝不应杀人"。由于这是一个"官方"命令，因此它胜过所有与"汝绝无因他人不作为而被害之可能"类似的个人道德宣言。伦理相对主义者将不会给出任何绝对或客观的道德判断，因此他们将会关注文化规范和个人规范，以此来决定自己该怎么做——他们可能会认为，从文化角度上讲，蓄意杀人是不合适的，因此他们不会扳动控制杆。

隧道难题

无人驾驶汽车技术的飞速发展意味着过不了多久，自主人工主体——自动驾驶汽车就将面临现实生活中的"电车难题"式道德困境。自动驾驶汽车开发商意识到，技术设计者和计算机程序员可能无法最好地做出此种判断，便转而求助于哲学家们。例如，斯坦福大学的 Revs 无人驾驶汽车计划就在与该校的哲学系通力合作。

对自动驾驶汽车领域来说，"电车难题"经过些微重新组合，成为一个新的标准范例：隧道难题。比如，一辆自动驾驶汽车沿一条单车道山路前行，当它开到某隧道前时，有个小孩正横穿隧道口，留给司机的只有两种选择：转弯避开小孩，但车会撞到隧道入口的侧面，导致乘客死亡；直接开过去撞死小孩。

面对"隧道问题"提出的挑战，其中一种回应认为，我们不该问汽车应做出怎样的反应，而是该问"该由谁做出决定？""把决定权交给设计者"是种"家长作风式"的设计，因为它否认了汽车里的人"自己做决定"的权利。正如在医学领域，医疗服务提供者会尊重病人的权利，让他们决定自己是活下去还是死亡，同理，乘客也应被赋予这一责任。不难想象这样一种情境：比如，独身一人且没有家庭负担的乘客，可能会选择牺牲自己以保护孩子；而有一大家子亲属的人可能会做出不同的选择。因此，某种观点认为，我们可以为自动驾驶汽车设计一种"伦理控制"功能，它可由乘客进行设置。但这是否相当于："伦理控制"能预测到潜在的伤害，并主动选择让其发生？在这种情况下，乘客可能被指控预谋故意伤害或杀人。另一方面，如果"伦理控制"仍在车辆设计者的掌握之中，他们可能因"采用某些会做出有害决策的形式进行设计"而被指控，因为这些决策可能会导致（乘客）受伤或死亡。因此，"电车难题"不存在好的结果。

切一块蛋糕最公平的方法是什么?

1917

——

有这样一群人，他们将被派往新大陆开拓殖民地，而在出发前，他们得到的任务是：为即将在那里建立的国家拟定律法和社会契约。在思考为新领地建立律法和社会契约前，先进的心灵控制技术使这些开拓者忘记了关于自己的一切，仅留下大脑的理性执行功能。那么他们将会构建出何种类型的社会？

1917 年，美国哲学家约翰·罗尔斯在其著作《正义论》中，提出了他对"怎样切蛋糕最公平"这一问题的看法。他论证到，确保公平的最佳方法是，让最后一个拿蛋糕的人来切。这种方法无疑会"激励"他在切每一刀时，都确保大小尽量相等，因为，如果有任何一块比其他的更小，都极有可能成为最后剩下的那块。而负责分蛋糕的人在决定如何下刀时，并不知道其他人将如何选择，也不清楚哪块会被留到最后。罗尔斯认为，对等着吃蛋糕的人来说，负责分蛋糕的人将处于一种"平等的原初状态"之中，且在与事物将怎样被解决息息相关的"无知之幕"背后工作。他认为，这就是达成他所谓"公平即正义"的理想方法："存在这样一种原则——自由和理性的人们总是在关注如何获得更大的利益，因此，在制定其所处团体的基本法则时，他们会欣然接受平等的起始状态。"

社会契约

假使我们考虑的不是一块蛋糕，而是整个社会；寻求的也非最公平的切法，而是制定用于管理该社会的契约的最佳方案，那结果又会如何？术语"社会契约"常用来表达以下观点：有这样一种契约——在社会中，由于所有人都是其成员之一，所以他们被视作"不得不认同它"。而"道德"则与之类似，是一种被所有社会成员认同的存在。在英国哲学家托马斯·霍布斯的研究中，这一观点被强烈地突出了。他论证到，人类生存在社会之中，所以要接受与之类似的契约中的诸多条款。其根本原因在于，抉择是种自然状态，而在这一状态下，生存是"孤独、贫穷、肮脏、粗野和短暂的"。

社会契约从何而来？人类从未在非社会状态中生存过，且社会契约从未被正式且明确地制定，或被大多数社会成员自愿签订。多少由于这一原因，大多数社会契约都是有瑕疵的（如不平等、偏见和缺陷）。罗尔斯力图想象：到底如何才能制定一个公平的社会契约，但任何尝试这样做的人都将面临超越利己主义的问题。"如果一个人很富有，"罗尔斯指出，"那他定会对这样一个政策举双手赞成——基于福利措施的诸多税收是不合理的；但如果他很穷，则最有可能提出与之相反的政策。"

无知之幕

为了解决这个问题，罗尔斯又提出了一个思想实验。其中，一群处于"平等的原初状态"的人们将制定一系列有关公平的原则。他们不知道自己的社会地位、性别或种族，也不清楚他们"在自然资产和能力……智力、力量等的分配中能够获得的财富"。罗尔斯甚至假设，他们将没有关于道德和心理特征的先入概念。对于上述实例，罗尔斯论证道："在'无知之幕'后，公平原则被选择。"

在此种情境下，罗尔斯又提出，"那些关心个人利益增长的理性者"会对这样一个社会契约表示赞同——在该契约中，自由和社会产品是平等分配的。原因在于，契约的起草者并不知道未来自己的身体、心理、经济或社会状况为何，所以他们将采取行动，以确保在新社会中，罗尔斯所说的"主要社会产品"能够公平地分配给每一个人，包括权利与自由，力量与机会，收入与财富。

无偏见？

但这并非意味着不平等是禁止事项。罗尔斯指出，社会产品是"被平均分配的，除非存在对某些或所有类似等价物的不平等分配，可以对所有人都有利"。只要人们拥有平等的权利且机会均等——包括教育和就业机会的平等，以及个体用以追求自身利益且维持自尊的最低财产保障——那么财富与地位的不平等将是被允许的。罗尔斯承认，主要的潜在问题之一在于，通过继承来积累财富将很快侵蚀"机会均等"（罗尔斯是如此重视它）。鉴于此，他提出了某种"累积税政策……（作用于）遗产继承人。"

罗尔斯那"正义与公平"的社会契约所暗示的最终结果，通常被理解为一种自由的社会民主主义，其更接近欧洲部分地区而非美国。这就是有些人对"无知之幕"抱有怀疑以及敌意的一个原因，因为怀疑论者论证到，人们只是带着自身偏见、臆断和政见走到幕布之后。比如，某个保守主义的批评者认为，如果你假设"社会民主主义是确保机会均等和改善收入差距的最好方法"，社会民主主义才会从幕布后缓缓显露。另一方面，如若保守派从与之相反的假设开始，则终将结束于反映其政见的社会契约。基于此种解读，"无知之幕"是个完全无意义的思想实验，因为它所做的一切无非是：回避问题的实质，反映某人的偏见／政见。

关于这一点的抗辩之一是，至少罗尔斯的思想实验强迫人们对上述假设进行全面检查，并证明导致社会契约出现的推理 / 建模过程。当我们把"平等的原初状态"视为出发点时，会更容易发现为了各种政治观点做出的诡辩和可疑推理。一如那些优秀的思想实验，最好的结果是通过控制混淆变量得来的，而罗尔斯一直在试图用这种方法来处理"无知之幕"。

朱迪斯·贾维斯·汤姆森的失去知觉的小提琴家

1971

———

　　某天，你一如往常醒来，却发现自己的身体被连到了一位失去知觉的小提琴家身上，就像经历了一场外科手术。此时，你的肾便是维持他生命的唯一存在。那么，"把你的身体从小提琴家身上移除"这件事是被道德允许的吗？

　　1971 年，美国道德哲学家朱迪斯·贾维斯·汤姆森在《哲学 & 公共事务》杂志发表了一篇文章，为堕胎权做出了颇具影响力的辩护。在对"堕胎合法化"这一问题的争论过程中，支持者和反对者间的论辩集中在人格上，之所以会如此，原因还在于胎儿：如果可能的话，那么在妊娠期的何时，胎儿会成为一个真正的人，同时获得随之而来的所有权利？汤姆森旨在完全回避这个论辩，她同意从母体怀孕时起，胎儿就已经是一个人，也就意味着胎儿拥有了人类应有的权利。但她不认同反对堕胎的"生存权"言论，因为她认为：一位母亲有权决定她体内发生了什么，或对自己的身体做些什么，而当涉及胎儿的生存权时，选择是否做母亲的权利显然要比胎儿的生存权更为重要。

谁都不希望碰到"音乐爱好者协会"

为了做到这一点，她设计了一个思想实验，邀请读者想象如下场景："当你早上醒来时，竟发现自己在床上与一位失去知觉的小提琴家背靠背相连。"该小提琴家是一位著名的艺术家，当他经过这个城市时，肾不幸坏死了，而当地的音乐爱好者协会则想方设法地挽救他。结果他们发现，你的血型跟这位小提琴家刚好匹配，于是便绑架了你。在将你麻醉之后，他们通过手术，将小提琴家的供血系统与你的肾连到一起。诚然，你的健康并没有受到威胁，但若是将你的肾移出小提琴家的血液循环系统，他必将死去。主刀医生则爱莫能助——"你看啊，音乐爱好者协会对你做了这样的事，我们也很遗憾——早知道是这样，我们绝不会同意。"——然而，事已至此，小提琴家的生存已依赖于你："解放你就等于杀了他。不过没关系，只要九个月就好。"

生存权

于是汤姆森问道："你有权移除自己的身体吗？小提琴家的

生存权又如何呢？"她运用上述思想实验来挑战"生存权的构成"这一概念：生存权不包括"获得维持生命的最低需求"的权利，甚至不包括"不被任何人杀死"的权利。"构成生存权的并非'不被杀死'的权利，而是'不被非正义地杀死'的权利。"所以，尽管你的行为会将小提琴家杀害，然而这并不是非正义的，也就是说，他不会被非正义地杀死，所以他的生存权并没有在道德上强迫你继续与他的身体相连。类似地，一位孕妇并非在道德上有义务与胎儿保持连接状态，胎儿的生存权也并未延伸至"不因'被拔出'而死"这一范畴。

不久，某种基于直觉的批评就瞄准了汤姆森的思想实验：对你来说，一个陌生的成年人与你自己的胎儿间存在天壤之别，就算二者是相同的，也不构成类比。批评者论证到，不仅存在于小提琴家与胎儿间的区别会使该类比不完美，而且，汤姆森假设在道德上不相关的诸多因素（比如小提琴家与胎儿间的区别：小提琴家是陌生人，而胎儿有可能是你的后代……），实际在道德上是相关的。在这种情况下，她的思想实验就不再适用了。

拔掉

汤姆森承认，就算你确实有权将自己拔出来，也无权杀死插入你体内的那个人："我并非在为未出生的孩子的生存权摇旗呐喊，"她说，"你可以把自己剥离开，尽管这样做的代价是对方的生命。如果拔出你的身体不会导致他死亡，那么从某些意义上讲，你并不具有确保他生存的权利。"反对堕胎者论证到，堕胎可不是"拔掉"那么简单，而是涉及毒害或切碎胎儿，这类似于你刺杀了小提琴家，而非单纯地"拔掉"你自己。

反堕胎者还主张，"怀孕"和"小提琴家"这两个情境之间还存在一个重要区别——"谁把你连在了小提琴家身上？"在汤姆森的思想实验中，是陌生人把小提琴家连到了你身上，而你并没有参与。而在两相情愿的受孕中，母亲在"插入"胎儿时起到的可是直接作用。所以，正确的类比应该是：你将（完全健康的）小提琴家麻醉，然后通过手术把他连到你的肾上，以至于如果拔掉你，他将会死亡。在这个情形中，你在道德上的责任又是什么？

特殊的例子

人们普遍认为，汤姆森认同这一观点，因为她这样写道："（如果）胎儿依赖于母亲……那么母亲自然对胎儿负有特殊的责任——给予胎儿反对她的权利。而这种权利可是其他任何人都不具备的（比如，一位对于她来说是陌生人的患病小提琴家）。"（然而，在文中的其他地方，她貌似持有刚好相反的观点。）

这条批评路线的结果是，只有在"没有得到母亲同意（比如强奸）的情况下怀孕"这一情形之下，才能为堕胎辩护。汤姆森乐于接受上述观点："在我看来，我们一直在关注的论证是可证实的……在某些状况下，未出生者有使用其母亲身体的权利，此时堕胎便成了非正义的谋杀。"因此她总结道："虽然我的确同意堕胎可被允许，但我坚决不同意它永远被允许。"

人格与赞成

但并非所有人都赞同她的观点。英国哲学家西蒙·史密斯论证到，汤姆森思想实验的批评者（比如上文所述的那些人）并没有抓住要领。如果我们否认某人（如胎儿）在两相情愿（他和母亲）之下拥有处置自己身体的权利，就等于否认了其人格。实际上史密斯认为，通过否定其他人（如女人）的人格，我们不仅会使"在未经同意的情况下处置他人身体的罪（比如强奸或暴力）"可被道德接受，而且还否定了自己的人格，因为其依赖于呈现给他人的人格属性："在与其他人平等交易'人格'的情况下，我才是一个真正的人。[人之所以为人的前提是最终彼此的主体性（人格）。否则你作为主体可以随便碾压别人的主体，无视他人的权利义务，那别人也可以这么对付你。]"对汤姆森的论证来说，很重要的一点是，她的思想实验为第二人称视角，可直接与读者对话。因此，她的论证并不限于性别或女人的生育权，而是适用于我们每一个人。

救生艇地球

1974

———

你在一艘最大载客人数为 60 人救生艇上，现在艇上共有 50 人，但在艇周围的海面上，还有 100 位遇难者正在呼救。从道德上讲，你有义务让他们登上救生艇吗？如果有的话，你又该救多少人？

澳大利亚伦理学家彼得·辛格[1] 从功利主义者角度有力地论证到——我们有义务帮助穷人。"如果将某种极恶之事扼杀在摇篮里是我们力所能及的，且无须为此牺牲任何在道德上有意义的东西，那么从道德上讲，我们就应该去做。"而在 20 世纪 70 年代，面对世界人口的爆炸式增长，人们逐渐意识到，地球上的生态资源是有限的，因此，辛格的观点便成了"紧急事项"，而其实例

---

1 彼得·辛格：现任教于澳大利亚莫纳虚大学哲学系。其代表作《动物解放》一书从 1975 年出版以来，被翻译成二十多种文字，在几十个国家出版。英文版的重版多达 26 次。

就是"太空船地球"的概念。

1972 年，阿波罗 17 号拍摄了一张地球的照片，其被 NASA 称为"蓝色大理石"。而"太空船地球"正是这张照片的标题之一。照片聚焦于地球生态系统的独一无二，并呼唤人们意识到其脆弱性。由此，我们可将地球类比为一艘太空船，人类则是船上的工作人员以及乘客，他们只能依赖于船内的生命保障系统生存。

生命之舟伦理学

美国生物学家加勒特·哈丁率先对这一类比提出异议。1974 年，他发表了一篇题为"生命之舟伦理学"的文章，文中他论证到，"海上的救生艇"是对此种现象更为恰当的类比。相对地，太空船里有一位船长和完整的指挥结构，他们制定并保证了资源分配的可持续性和公平性，而地球可没有这样的配置——因为压根不存在"世界政府"。他举出了一个可供替换的类比："打个比方，假设每个富有的国家都可被视为一艘装满富人的救生艇。而在大海之上，每艘艇外都有许多穷人在痛苦地游着——他们想要登上救生艇，或至少分享富人的若干财富。救生艇上的人该怎样做？"

比起上节末尾，哈丁的叙述要更细致，类似于本章开始时的例子。如果把所有落水者都救到船上，救生艇就将沉没，所有人都会死。但如果艇上的空间只能救 10 个人，我们又该怎样选择？哈丁甚至进一步提出，救生艇上必须留有备用空间，以确保在抵达安全区前，它能应对可能出现的紧急情况，比如暴风雨或其他极端天气。考虑到这一点，艇上的 50 人应该拒绝营救其他人。感到内疚的乘客则该爬出去，把自己的位置让给任一落水者。

后代需求

哈丁对比了分享救生艇的资源带来的危险与"普通人的悲剧"这个思想实验。个体理性的施为者没有节约资源的动力，因为资源终究会被其他施为者消耗。如果富裕的国家将其资源均分（比如通过某些形式的"世界食物银行"），那么将会发生这样的事：贫穷的国家将不会有自给自足（通过发展和生育控制）的动力，因为它们可能会一直"支取"银行的财富，而富裕的国家则只能永远为银行提供资源，以满足这一无止境增长的需求，结果则是，他们将不得不耗尽自己所拥有的全部自然资源。

哈丁论证到，在"救生艇"这一情境中，对船上的人来说，最好的选择就是，教会落水者们如何造船（但批评家指出，当你在水中只能集中余力让头部处于水面之上时，很难有精力造船）。在缺少一个"控制繁殖和对资源的使用"的世界政府的情况下，哈丁总结道："太空船"实验的"共享"道德观是不可能实现的。在可预知的未来里，人类想要生存下去，就必须通过"救生艇"道德观管控自身行为，尽管它们可能是严苛的。而我们的后代绝对会对此满意之极。

1975 年，英国哲学家奥若拉·奥尼尔在一篇题为《救生艇地球》的文章中反驳了哈丁。她声称，"人们有着不被无理地杀死的权利"，并且认为，"在一艘设备精良的救生艇上，任何导致乘客死亡的分配方式都是谋杀，而且不是仅杀死一人这么简单。"但是，奥尼尔和哈丁的类比间有个重要区别。在哈丁的类比中，世界是海洋，富裕的国家是救生艇，而贫穷的国家是在海中的人。而在奥尼尔的类比中，救生艇则是地球，但是被分为各种阶级，而"一等人"所在的"特别居所"里，装满了食物和水。

头等舱的行李

英国哲学家朱利安·巴吉尼的版本则和哈丁稍有不同，二者最重要的区别是，在巴吉尼的设想中，水中就只有一个人，而救生艇上还有许多空间和给养，因此，营救溺水者将不会影响艇上乘客的生存机会——只不过会不如之前那么舒服罢了。第四种版本的设想则是：对于大多数落水者来说，只要头等舱乘客不用大量行李将其填满，就能保证救生艇有足够的空间接纳他们。如果他们愿意丢掉自己的行李，就能救更多的人。因此，在这个版本中，"头等舱的行李"所类比的，实际上是具有"头等舱"生活水平的发达国家那不成比例的生态足迹和社会经济足迹。

为了反驳"我们应救起所有落水者"这一观点，哈丁根据他之前的类比，做了名为"普通人的悲剧"的论证；而奥尼尔的版本则不曾叙述"谋杀"和"任其死亡"的区别。至于巴吉尼的版本，则让"营救溺水者"成了不值一提的牺牲，所以，一旦辛格的测试（在无需牺牲任何道德上有意义的事物的前提下，有可能阻止坏的结果出现）被应用，道德的行动步骤就明晰起来。类似地，"头等舱的行李"可能达不到辛格的"道德为重"的要求。对我们来说，有关我们对贫穷的国家乃至世界上最穷的人们在道德上应尽的责任，"救生艇"思想实验究竟告诉了我们什么，很大程度上取决于你认为上述哪种版本的设想最符合现实。

普通人的悲剧

1968 年，哈丁发表了一篇文章，其中描述了一个关于"一片对所有人开放的牧场"的思想实验：牧场上的每名牧人都在想方设法饲养尽可能多的牲畜。如果牧场属于某位牧人，那么他将会主动限制牲畜的数量，这样牧场就不会因过度放牧而变成荒原，但当牧场成为公共区域时，"普通人的固有逻辑将残忍地带来悲剧"。那时，没人愿意为了保护牧场而限制自己的牲畜进食，因为这样做显然会让他的牲畜死亡——其他牧人必将把他腾出的牧草席卷一空。不可避免地是，普通人会在这一牧场上过度放牧，终将使其变成荒原，所有人都会饿死。随着时间的推移，这个恐怖的例子在现实世界里有了越来越多的映射，最为明显的就是渔业。由于海洋是全球公域，所以任何国家、公司和渔民都不会主动去限制攫取资源的行为，而其后果是显而易见的。

拿走我的腿……求你了

1980

——

吃掉一只想被吃掉的动物在道德上是可以接受的吗？

道格拉斯·亚当斯[1]的《宇宙尽头的餐厅》[2]里写到，当一头有感情的奶牛献出自己作为"当天的菜"时，地球人阿瑟·邓特害怕了。"我只是不想吃掉一只站着请我去吃掉自己的动物，"他抗议道，"这是麻木不仁。""总比吃掉一只不想被吃掉的动物好。"赞法德·毕博布鲁克斯[3]反对道。

1　道格拉斯·亚当斯：生于英国剑桥，英国广播剧作家、音乐家，尤其以《银河系漫游指南》系列作品出名。这部作品以广播剧起家，后来发展成包括五本书的"三部曲"，拍成电视连续剧。亚当斯逝世后还拍成电影。亚当斯自称为"极端无神论者"。在去世以前，他是一位非常受欢迎的演讲者，尤其是在科技和环保等题材方面。他在49岁时的早逝在科幻和奇幻社群中引起了极大的哀悼。

2　《宇宙尽头的餐厅》：本书延续《银河便车指南》里亚瑟·丹特，加上福特·派法特、崔莉恩·麦克米兰和银河总统柴法德·瘪头士，以及偏执狂机器人马文，以及渥罡人的星际冒险之旅。

3　赞法德·毕博布鲁克斯：《宇宙尽头的餐厅》里的人物。

想要成为截肢者

亚当斯的超现实主义情节在道德范畴上向两个领域提出了疑问：一是吃肉；二是面对那些信奉反直觉且有明显自我伤害信念或请求的人时，我们所采取的行动。对后者来说，"当天的菜"似乎招致了某种回应，而它与对"恋残癖"[更准确的说法是"被截肢者的身份认同障碍"或"身体完整认同障碍"（BIID）] 带来的道德困境的回应相似。所谓的 BIID，会让人觉得自己同身体的某些部分"渐行渐远"。在某些情况下，它不仅会导致极深的痛苦，也会带来一种持久且强烈的欲望——想通过手术切除自己身体上最讨厌的部分。

2000 年，苏格兰外科医生罗伯特·史密斯的所作所为引发了媒体风暴，于是社会开始强烈关注这样一个伦理问题：是否为想要截肢的 BIID 患者（他们有时称自己为"赶超崇拜者"）做外科手术。当时，史密斯已应两名"赶超崇拜者"要求切断了他们的腿，并且正在为第三个人准备相同的手术，当新闻界察觉到蛛丝马迹时，史密斯所在的医院马上叫停了手术。有关"赶超崇拜者"的记载可以追溯到 1785 年，当时，法国的外科医生、解剖学家约翰·约瑟夫·休描述了这样一个特殊案例：有位来自英国的"赶超崇拜者"，他说想花一大笔钱，让休用一场外科手术切除他的腿，而休在枪口的威胁下，迫不得已完成了手术。在手术过程中，史密斯和心理治疗师们仔细地评估了"赶超崇拜者"，并判定他们有能力做出一个经过深思熟虑的决定。

而史密斯将第一场为"赶超崇拜者"实施的手术称为"迄今为止他做过的最为满意的手术",并向媒体坚称:"我正在做对那些患者正确的事。"

令人反感的因素

上例中的两个 BIID 患者声称,他们从截肢手术中获得了极大的安慰,且现在过着幸福且满足的生活。然而,权威以及公众的观点是相似的:用自愿截肢来满足 BIID 的请求是邪恶、不道德且令人厌恶的。然而,只要仔细地考量伦理学,质疑这个直觉上"令人反感的因素"的回应就变得十分必要了。在《应用哲学杂志》的文章中,蒂姆·贝恩以及尼尔·莱维指出,在医学伦理学里,有这样一句根深蒂固的格言——自主愿望应给予严肃权衡。在医疗决策的背景之下,如果病人觉得什么对自己好,医生就应该尊重他。"赶超崇拜者"对于截肢的诉求长期存在且广为人知,因此,对外科医生来说,照其诉求行事看起来是可被允许的。

第二十二条军规

接下来,人们开始考虑反对上述立场的各种意见。其中之一常被称为"第二十二条军规"[1]——由于那些人已经成了"赶

---

1 第二十二条军规:美国作家约瑟夫·海勒创作的长篇小说,该小说以第二次世界大战为背景,通过对驻扎在地中海一个名叫皮亚诺扎岛(此岛为作者所虚构)上的美国空军飞行大队所发生的一系列事件的描写,揭示了一个非理性的、无秩序的、梦魇似的荒诞世界。

超崇拜者"，所以他们是"不健全"的（从"是否能做出理性决定"的角度上讲）。对此，美国医学伦理学家亚瑟·卡普兰[1]就曾直率地表示："当某些人高喊着'砍掉我的腿！'东奔西跑时，满足他们'将自己弄残废'的要求是绝对且彻底的疯狂行为……"

然而，尽管"赶超崇拜者"对其四肢的认识是无理性的，但他们对这些强烈的且使人烦恼的妄想的回应可能依然是经过深思熟虑的且合理的。

另一种思考则是，正因为长时间感觉与自己的某一肢体"分离"，这才造就了"赶超崇拜者"今天的模样，所以，让他们改变对自己肉体的认知，几乎等同于"让他们不再做自己"。与之相似的是：一位终生目盲的老年人为何会拒绝帮助他恢复视力的提议。此外，出于虚荣心，人们可以选择接受整容手术。实际上，对于"赶超崇拜者"来说，截肢可能属于一种安慰疗法。所以，在功利主义的基础上，"对他们实施外科手术"可能会被支持。尽管缺乏足够的证据，但贝恩和莱维还是表示了对此种论断的支持："对'赶超崇拜者'来说，经历一场成功的截肢手术，其幸福感会永无止境地增长。"

1　亚瑟·卡普兰：美国著名医学家。纽约大学朗格尼医学中心的生物伦理学教授兼系主任、宾夕法尼亚大学生物伦理学中心主任，并任教明尼苏达大学、匹兹堡大学和哥伦比亚大学。曾获发现杂志（Discovery）2008 年选为科学界前十大最有影响力的科学家。

感觉能力门槛

所以，当某个具有感情的动物求你吃掉"它身体的某个部分"时，选择"吃掉"很可能是道德的。当然，在现实生活中，人们食用动物时并不具有如此之高的意识水平。在过去，这一论证常常被用于为"食肉"行为辩护。甚至连颇具影响力的澳大利亚伦理学家彼得·辛格，都站在了"辩护人"的席位上：1975 年，他发表了著作《动物解放》，而此书被认为是"动物权利运动的发起者"。他表明：食用牡蛎、怡贝和蛤蜊是"合理"的，因为"它们拥有意识的可能实在太小"。

然而，对于大多数人来说，都存在一个"意识门槛"，其使得"为了肉而谋杀"成了不可接受的事——比如，在西方社会，大多数人认为，"为了肉而杀死黑猩猩"是令人厌恶的。那么对动物肉类的获取这条线到底应该画在哪里呢？研究表明，吃牛肉的人倾向于将线画在牛肉之外，而素食者则刚好相反，他们的线画得非常高。弗吉尼亚·伍尔夫将这段关于素食主义者的推理称为"源自人性的论证"，并将其描述为"最不可想象"的："由于人们对培根有着强烈的食用需求，所以猪比任何动物更具吸引力。相反，倘若全世界都是不吃猪肉的人群，那猪根本不可能存在。"这一观点在有关肉食的伦理学与名为"人口伦理学"的哲学领域间建立了联系。

长寿的牡蛎

在人口伦理学中，存在这样一个问题："为了被吃而存在"

是否比"压根不存在"更好？而这刚好是德里克·帕菲特口中的"非同一性问题"的一部分。他提出了一个人口伦理学原则："在两种可能的结果中，如果活下来的人数量相同，那么，让日益贫穷或比其他人生活质量低的人活着，无疑是更糟糕的选择。"

但问题在于，在不同的结果中，活下来的人数量并不相同。就拿消耗问题来说——现在我们可以为了下一代节约资源，但这意味着下一代数量的减少（因为我们会通过降低出生率来实现节约）。当然，我们也可以在不节制生育的同时，也不节制使用资源。两种方案哪种更好？换句话说，我们是该让120亿人口在极低的生活水平下挣扎，还是让60亿人在更高的生活水平下享乐呢？

功利主义的回应之一可能是"总福利原则"，其中，比较两种结果的优劣的依据，是在特定生活水平之下的人口状况（也就是说，最好的结果是，人们创造的价值总和最大的那个）。但这一推理得出的结论，无疑是不太令人舒服的：最好的结果可能是，让更多的人生活在痛苦中（因为 1000 亿 ×0.1 >50 亿 ×1）。再举一个例子，有人可能会问：做一只长寿的牡蛎是否要好于一个短命的人类？牡蛎可能仅有较低的感知能力和生活质量，但若它能活几百年，那它在这些年所创造的财富之和，就一定比某个人类一生中创造的财富少吗？

"平均福利原则"则是"总福利原则"的另一个等价物。在这一原则中，最好的结果是，能够带来最大人均财富的那一个。但这也可能导致矛盾的产生。比如，基于此，亚当和夏娃应该永远都不要孩子，因为通过简单的数学计算可知，当世界上只有两个人时，平均福利可能会更高。

少数派报告

2001
——

"犯罪预测"计算机（CDC）警告你，X 先生会在六个月后炸毁一幢大楼。当你逮捕 X 先生时，你却发现他并没有制作炸弹的知识，而且现在也没打算炸掉任何东西。但是，CDC 是永远不会出错的，所以他必须被关起来，不是吗？

2001 年，根据菲利普·K. 迪克完成于 1956 年的一篇短篇小说改编的电影《少数派报告》上映，自此，"先发制人"司法程序开始为人所熟知。片中，有预知能力的变异人会向警方的预防犯罪组提供关于未来的影像，而后者会据此预测即将发生的案件。由此，汤姆·克鲁斯扮演的首席侦探安德顿便可预防犯罪并提前关押即将出现的犯人。某日，安德顿突然听说，某个预知影像显示，他杀了一个他从未见过的人。于是他赶忙开始调查，并发现预知人之一递交了一张表明不同意见的"少数派报告"——证明那作为司法系统基础且绝对正确的未来预测恐怕是错误的。更重要的是，他发现自己之所以被预言即将犯下谋杀罪，仅是因为他听说了预言——这是一个"自我应验"的预言。而本节开始时提到的例子则与之类似：X 先生之所以变得激进，仅是由于之前他因一个非他挑起的恐怖分子阴谋而被关了起来，所以他现在打算以犯罪来报复自己之前遭受的不公平待遇。

未完成犯罪

"先发制人"这一司法概念，催生了诸多道德及法律相关问题，当一个"少数派报告"式思想实验将这些问题带入人们的视线之时，我们才意识到，这些问题可不仅存在于科幻世界。现如今，法律已对某些种类的犯罪未遂定罪并予以惩罚。比如，你可能因串谋谋杀、不计后果的驾驶（尽管没有造成任何事故）和策划恐怖主义行为而入狱。在法律上，这些均被视为不计后果的危害和已完成的犯罪：行为人认为完成罪行的一切都已准备妥当，以致彻底超出了自己对避免犯罪的控制，此种行为才会被判有罪。因此，不计后果的驾驶是种犯罪，因为一旦司机这样做，"是否会真的造成伤害"并不在司机的控制之内。

然而，对于本节思想实验，这种犯罪发生在行为人还没有选择强加给自己故意伤害或犯法的风险时，美国法学教授拉里·亚历山大以及金伯利·凯斯勒·佛森将其称为"初始罪"。《少数派报告》中的所谓"犯罪"就属于这个范畴。

有罪行为

"在何种情境及原因下，未完成的犯罪不应被视为有罪？"对这样一个问题，亚历山大与佛森给出了一系列的理由，用他们的术语来讲，就是"有罪行为"。他们论证到，只是想要或幻想某些事情并不是犯罪行为，因为它根本称不上"行为"："因为只有自发行为是有罪的，而且应受惩罚，但只有犯罪的想法本身是无罪的。"

他们还提出了犯罪动机制约性的问题。想象一下，洛基有合法持枪许可证，而他之所以弄到它，只是想在发现妻子跟另一个男人有染时杀死她。但他又相当确定妻子是忠诚的，这意味着她永远不可能跟另一个男人在一起。那么，他意图实施的过失杀人或谋杀行为是有罪的吗？对那些策划了一场犯罪，但在实施前改变主意的人，我们又该怎么裁决？想象一下，某年1月至6月间，你做出了周详的计划，打算于12月攻陷某建筑物。但到了7月，你却改变了主意。那么当你被捕时，这些以前做的详细计划能被视作你犯罪的铁证吗？

百分之一主义

在电影《少数派报告》上映那一年，这个话题变得更加急迫。在"9·11"事件的警示下，为了更好地对抗并阻止恐怖主义，布什政府接受了一个关于先发制人行动的新主义，应用范围不设限，这就是副总统迪克·切尼颁布的"百分之一主义"：如果某人在未来可能从事恐怖主义活动，就算只有百分之一的可能性，美国政府也有理由立即宣布他有罪，以此来提早扼杀潜在的恐怖主义行为。这意味着就算你只是策划了一场犯罪且尚未实施，都会被视为犯罪嫌疑人而被起诉。据此，FBI 忙于一个备受争议的项目——让特工乔装打扮，诱骗犯罪嫌疑人"自投罗网"。

例如，2004 年，有这样一个臭名昭著的案例。当时，在纽约州的奥尔巴尼市，一个名叫亚辛·阿里夫的人被认定是可疑的，这是因为一个 FBI 便衣"制造"了各种各样琐碎的间接证据，其中就包括诱骗阿里夫目击了一场发生于两个男人间的借贷交易，而这很可能是场阴谋，因为这场交易的背后，是将一枚导弹卖给恐怖分子（但这场阴谋是 FBI 策划的）的事实。最终，阿里夫被判有罪并获监禁 15 年。而在 2007 年，政府检察官为 FBI 的行为以及随后的起诉做了如下辩护：

阿里夫是否真从事了一场恐怖主义行为呢？嗯，我们并没有证据。但是，他有意识形态……我们的调查只关心他将要做的事，以此来采取相应措施。

控制社会

美国政治科学家辛西娅·韦伯论证道："通过类似的行为，布什政府已将'先发制人'式司法的范围从行为扩展至（预先）想法。"此外她还认为，这样的政策等同于"为了保障安全，把人变成为没有自主意识的提线木偶"。"先发制人"式司法通常会与杰里米·边沁[1]的"理想监狱"相比较——它被称为"圆形监狱",在"圆形监狱"内部,服刑人员始终处在监视之下,没有任何隐私。而这种类比表明,对罪犯"先发制人"式的监视,会将整个社会变为"圆形监狱"。法国哲学家吉尔·德勒兹写道:"控制型社会正在取代纪律型社会。"但正如《少数派报告》所提到的那样,控制系统永远易受人为失误、陋习以及贪污的攻击,并存在"自证预言"[2]的风险。

---

[1] 杰里米·边沁:是英国的法理学家、功利主义哲学家、经济学家和社会改革者。他是一个政治上的激进分子,亦是英国法律改革运动的先驱和领袖,并以功利主义哲学的创立者、动物权利的宣扬者及自然权利的反对者而闻名于世。他还对社会福利制度的发展有重大的贡献。

[2] 自证预言:是一种在心理学上常见的症状,意指人会不自觉的按已知的预言来行事,最终令预言发生。

肆

CHAPTER FOUR

我们能够知道什么？

在哲学领域，有这样一个分支，它探索知识——包括其本质和获取，这个分支被称为"认识论"。因此本章中包括了诸多思想实验和在其引导下可被解释的悖论，以此来研究知识的本质甚至"通晓万物"的可能性。

柏拉图的"洞穴寓言"

约公元前 380 年

倘若没有哲学启示帮助我们了解现实的真实样子，我们就像被困在洞穴中的囚徒，仅能看到一支火把投射出的影子，却误以为它们就是真相。

这就是柏拉图的"洞穴寓言"的核心，他在《理想国》[1] 第七卷中设计了一个思想实验，并借哲学家苏格拉底之口将其表达出来。柏拉图的《理想国》(约公元前 380 年)是一部论述如何实现"乌托邦"的著作。"乌托邦"的统治者是聪慧、仁慈且公正的哲学王，他们按照自己哲学的原则进行统治。在此过程中，与其说他们受到了教育，不如说启迪了自我。"洞穴寓言"的中心在于他的理念论：我们能够看到且听到的，只不过是现实本质的影子或映射。

1　《理想国》：古希腊哲学家柏拉图（公元前 427- 公元前 347 年）创作的哲学对话体著作。全书主要论述了柏拉图心中理想国的构建、治理和正义，主题是关于国家的管理。

日常生活中的概念以及事物，都是有缺陷的人类感官所感知的。由于我们对世界的理解并不完美，使得我们对上述概念的理解也受到了限制。

所以，让我们来举个例子，如果你看到一匹马，你正看着的只不过是诸多生物中的某一特定实体，它具有部分"马"的本质，却只是"马"的理型[1]和本质形式的某种映像。对柏拉图来说，这些终极形式代表现实的"更高层次"，他论证到，哲学教育有助于个体理解这一"更高层次"。他的"洞穴寓言"就是这条通往开悟之路的"寓言版"。

洞穴中的囚徒

在"洞穴寓言"的简化版本中，描述了一群囚徒盯视着事物真实形式的投影。实际上，由于柏拉图的寓言为"光影游戏"与"现实"做了某种程度的分离，所以它比通俗版本涉及的内容更多。在对话中，苏格拉底描述了一群被关在洞穴里的囚徒，他们无法移动身体，且不能转动头部，他们身后有个壁架，上面有一支燃烧的火把，他们身前则是一堵矮墙。木偶师们蜷缩在墙壁后面，操控着提线木偶，在墙壁上表演"皮影戏"，而囚徒们则聚精会神地看着。苏格拉底认为，"（囚徒）仅看到他们自己或另一个人的阴影，经由火光投射到墙壁上。"却没有意识到任何其他的

---

1 理型：柏拉图认为，自然界中有形的东西是"流动"的，所以世间才没有不会分解的"物质"。属于"物质世界"的每一样东西必然是由某种物质做成。这种物质会受时间侵蚀，但做成这些东西的"模子"或"形式"却是永恒不变的。柏拉图称这些形式为"理型"。

现实，"对他们来说，真相仅停留在字面上，不过是意象的阴影罢了。"

灵魂的飞升

然后，苏格拉底描述了这样一个囚徒的经历。首先，我们逐渐松开他的镣铐，让他的头能够转动，然后，他自然会察觉傀儡的存在，并意识到他以前感知的影像不过是真实事物的影子。一旦他被释放并能站起身，那么他会认识到，所谓的"真实事物"不过是木偶师操控的提线木偶。倘若他走出洞穴，来到洒满阳光的世界，他将意识到提线木偶也不过是真实事物的仿品。最后，他爬上一座高山，注视太阳，达到了新的认识，同时领会了现实的真正本质，具有理型的尘世实体只不过是仿像。在这个寓言中，苏格拉底还解释道，离开洞穴并且爬到山顶的旅程代表"灵魂飞升入理性世界之中"。

此处柏拉图暗示的是，假如世界上存在一整套舞台装置，那么它可以将人类对世界的基本理解从现实的真正本质里移除开来。未受教育的普通人感知到的不过是代表真实事物的"皮影戏"，而这些"皮影戏"也不过是理型的映像罢了。

哲学教育

苏格拉底继续解释道，现在，已受到启迪的前囚徒将不屑于洞穴中愚昧俘虏们的价值体系——他发现他以前所看到的现实是

思想实验：当哲学遇见科学

建立在某种低质量的理解上。换句话说，他的思想境界已远高于以前。但另一方面，其他"穴居人"依旧无知，并且会对变得和他们不一样的人产生恐惧，此处柏拉图想到了当初多数雅典人对待他的导师苏格拉底的方式——将他判处死刑。

柏拉图借苏格拉底之口解释到，在从无知变得更博学之间，仅凭语言来描述是不够的，得让洞穴里的人走出来自己看，他们只有用自己的眼睛去看，才能随着时间的推移，逐渐习惯那些炫目的光芒：首先是火焰，然后是曙光，最终直面太阳，这样才能真正理解它们。"在世间的知识中，"柏拉图认为，"善的理念地位最高，我们只有付诸努力才能看到。"因此，"洞穴寓言"可延伸至哲学教育的本质上来：它必然是艰巨且"自我胜利"的。在哲学课上，当讲到"洞穴寓言"时，通常会援引一部我们耳熟能详的电影——《黑客帝国》[1]。对于上述问题，正如片中墨菲斯向尼奥解释的那样："没人能告诉你矩阵是什么。你必须自己去看。"

影子说

当囚徒们描述他们看到的影子时，都会说些什么呢？在当代哲学中，有一场关于语义建构的争论，它被称为"语义外在主义"。

---

[1] 《黑客帝国》：在矩阵中生活的一名年轻的网络黑客尼奥（基努·里维斯饰）发现，看似正常的现实世界实际上似乎被某种力量控制着，尼奥便在网络上调查此事。而在现实中生活的人类反抗组织的船长墨菲斯（劳伦斯·菲什伯恩饰），也一直在矩阵中寻找传说的救世主。就这样，在人类反抗组织成员崔妮蒂（凯莉·安·摩丝饰）的指引下，两人见面了，尼奥也在墨菲斯的指引下，回到了真正的现实中，逃离了矩阵，这才了解到，原来他一直活在虚拟世界当中。

而柏拉图的作品已对其做出了有趣的预示。他借苏格拉底之口问道："如果（囚徒们）能够相互交谈，他们不会为真正出现在他们面前的东西命名吗？"换句话说，当囚徒们提到"马"或"狮子"时，参考的是影子的形状，然后他们就会错误地相信，"马"或"狮子"的真正意义就是墙上的影子那般。如果一名囚徒跟拥有自由的人交谈，两者都会认为他们口中的"马"意指同一事物，但实际上他们持有的是不同概念。关于这个争论的更多内容，请参阅"普特南的'孪生地球'"。

思想实验：当哲学遇见科学

笛卡尔的 "邪恶天才"

1641

——

·

　　如果一个邪恶的恶魔用超自然能力控制了通往你精神的所有感觉输入，使得每件你认为自己已经知道的事都可能是错误的。你怎么知道此时此刻某件事实际上并未发生？你又如何确定某件事到底是真是假？

　　法国哲学家勒奈·笛卡尔（1596 ～ 1650）打算着手进行一次野心勃勃的尝试：寻找实现认识论（即对知识的研究，包括它的本质、起源及范围）的新方法。因为在当时的社会，伽利略及一些人的新探索打破了当时古典时期和中世纪的世界观，而笛卡尔有雄心能调和自然哲学新方向与宗教之间的关系。为了做到这一点，他试图从零开始，构建一个新的认识论，同时他也意识到，许多自己以前相信的事物现在都值得怀疑。假若某些他信以为真之事都是错误的，对于这些被相信之物乃至知识来说，又意味着什么呢？所以在开始构建新的认识论之前，笛卡尔需要先推倒旧的知识大厦，为新理论的建立奠定坚实的基础，为此，笛卡尔在其发表于1641年的著作《第一哲学沉思集》[1]中，设计了一系列思想实验。

在梦中

笛卡尔的第一个思想实验提出了这样的问题："一个习惯在夜里睡觉，而且在熟睡时仍有与睡前相同感觉的人（换句话说，正在做梦的人）有哪些显著特征？""这个概念……没有能帮助我们真切地区分清醒与睡眠的明确标志，"他提出了上述总结并特别指出，其实我们只需要这样想：它制造了一种"混沌的感觉，（其）几乎使我确信自己睡着了"。如果关于梦境的小说读起来像现实一样，那谁又能知道看起来像现实的东西不是一本虚构的小说呢？

但笛卡尔也承认，即使在梦境中，也存在某种类型的知识，而它们是绝对毋庸置疑的，就比如"代数、几何及其他类似学科"。"不论清醒还是熟睡，"他指出，"像'二加三等于五'和'正方形只有四条边'这样显而易见的真相，根本不可能招致任何怀疑。"

---

1 《第一哲学沉思集》：是法国哲学家勒奈·笛卡尔创作的散文集，首次出版于1641年。全书含六个沉思及霍布斯、阿尔诺、伽森狄等人的诘难和笛卡尔的论辩。它是笛卡儿重要的哲学著作之一。在这部著作中，笛卡儿通过普遍怀疑的方法，力图使心灵摆脱感官，通过纯粹理智来获得确定的知识。

夸张的怀疑

随即，笛卡尔提出了第二个思想实验。其中，他假设存在一个"虚假的神"。他是无所不能的存在，他不仅能控制客观现实以及感觉感知到的所有信息，甚至还能掌控某人的内在心理过程。像这样一个存在，就可能让我在思考"二加三等于几""一个四边形有几条边"，甚至你能想到的更简单的事时犯下错误。

由于笛卡尔相信神是仁慈的，所以他设计了第三个思想实验。在实验中，他提出了被《斯坦福哲学百科全书》称为"笛卡尔最夸张的怀疑"的理论。为了替代这个想象中的神，笛卡尔设想了一个邪恶的"天才"，感觉类似于恶魔或精灵（与"妖怪"有着同一根源）。"假设，"他写道，"某个邪恶的天才既强大又满口谎言，他始终在尽其所能来欺骗我。因此，我会认为……所有的……外部事物都是幻觉和梦境，而这个天才正是用它们为我设下陷阱。"

一个定点

在上例中，笛卡尔坦言："最终我不得不承认，我曾经的认知都值得怀疑。"然而，世间到底存不存在具有绝对性的事物？"为了让地球离开它原有的位置，阿基米德可能……仅需要一个固定不动的点。"通过研究这样一个点，笛卡尔宣称："如果我……能发现某种确定无疑的事物，我对此将……抱有更高希望。"

笛卡尔发现的那个"固定点"意味着，即便在"普遍怀疑[1]"中，也存在一个"正在怀疑"的中心自我。一般来说，如果用拉丁语概括，即"cogito ergo sum"，也就是为人熟知的"我思故我在"。但实际上，这个短语并没有出现在《第一哲学沉思集》中。笛卡尔的真正意思是："如果我确信自己是某物，那么我确实存在……'我是，我存在'这一命题必然为真，无论我何时提出它抑或在内心构想它，都是如此。"

以上述确定之事为开端，笛卡尔继续展开研究，并构造了一个巧妙的"认识论"：首先，他提出了一个"神必然存在"的证据，然后便可在"神不会欺骗我们"的基础上进行论证。所以，在某种程度上，我们可以相信自己的感知觉[2]。随后，针对笛卡尔的异议接踵而至，其中有这样一条：笛卡尔的毁灭性工作展示了我们能确切了解的事物是多么稀少，这比他试图在宗教观念的基础之上重建知识论这一举动带来的影响更大。

1　普遍怀疑：要想获得绝对确定的知识，我们必须无穷尽地展开怀疑，不仅要怀疑感官世界的存在，尤其要怀疑感官知觉带给我们的那些虚妄不真的经验。即使是我们大多数人都深信不疑的数学命题，也要怀疑。很多人可能会认为，不管自己是睡着还是醒着，二加三总是等于五。这样明显的真理，还需要怀疑吗？不，笛卡儿说，这些东西照样需要怀疑。数学是我们思想的对象。但是，冷不防就可能有讨厌的"幽灵"蛊惑我们的精神，把根本不存在的东西放置在我们的心灵里，变作我们思想的对象。

2　感知觉：也称简单知觉。知觉是多种分析器协同活动的结果，依照知觉过程中起主导作用的分析器来划分，则与前述感觉水平类的外部感觉相接近，可分为视知觉、听知觉、嗅知觉、味知觉和肤知觉五种。复杂知觉是一种综合的知觉，它须多种分析器同时参与活动，知觉的对象、内容也较复杂。按其所反映对象的性质来划分，复杂知觉可分为时间知觉、空间知觉和运动知觉。

缸中之脑

　　1981 年，希拉里·普特南的著作《理性、真理与历史》面世，其中，他以现代形式重铸了"笛卡尔的邪恶天才"——"缸中之脑"思想实验。在这一思想实验里，没有邪恶的恶魔，只有一个正在执行卑鄙计划的邪恶科学家。结果，一个倒霉的受害者被困在虚拟现实仿真系统中，他并没有意识到——自己的大脑既不在身体里，也没在体验真实世界，而是漂浮在一口充满营养液的大缸中，并通过电线与一台超级计算机相连。"对于受害者来说，他甚至会觉得，"普特南指出，"自己正坐着阅读这些有趣但颇为荒谬的假想。"

使莫利纽的盲人重见光明

1688

——

一个自出生起就看不见的人，于某日突然重见光明，他能仅凭借视觉区分立方体与球体吗？

1688年，爱尔兰哲学家威廉·莫利纽在一封写给约翰·洛克的信中提出了这一问题。当时，光学及视觉在自然哲学中是热门话题，而且对于莫利纽具有额外的意义——他的妻子在他们结婚不久后就失明了。莫利纽曾阅读过洛克的许多文章，其中一篇《人类理解论》[1]的摘要让莫利纽产生了更多疑问，所以他写信给洛克，提出了开篇的问题。这篇摘要的内容是：洛克陈述了他对人类知识来源及知觉运作的经验主义认识。他写道：经验主义者相信，人类的心灵从"一

1　《人类理解论》：是英国哲学家约翰·洛克创作的哲学著作，首次出版于1690年，是洛克关于经验论的哲学著作，它的任务是探究知识的性质和人类探究真理的能力。

张白纸"开始，知识是通过对世界的体验获得的。而作为与之对立的观点，先验主义则认为，心灵的知识是"与生俱来"的。

色盲

在洛克看来，"观念通过感知诞生"这件事意味着：对于观念构建来说，对特定感觉的使用也很重要。洛克将观念分为两类，一类是从多种感觉的结合中诞生的观念，另一类是从单一感觉中诞生的观念。洛克论证到，对后者来说，这种依赖于某一单一感觉的观念，并不能通过其他感觉"复制"，所以，一位盲人将永远不能获得"颜色"的观念（另请参阅"玛丽——色彩学家"）。

这篇摘要和其他文献激发了莫利纽的灵感，因此，他给洛克寄去了一个思想实验。尽管莫利纽等待几年也没有从洛克那里得到答案，但在他们通信的几年后，莫利纽再次尝试发问。这一次，洛克终于捕捉到了他所思考问题的关键所在——这一问题后来以"莫利纽问题（难题）"闻名于世。1694 年，洛克将其发表在《随想》的第二版中：

假设一个男人先天目盲，现在他长大了，我们教他如何通过触摸来区分由同样的金属制成、大小相似的立方体与球体，所以，他完全能够凭触觉告诉我们，哪个是立方体，哪个又是球体。接下来，我们假设上述立方体和球体被放在一张桌子上，而这个男人幸运地复明了。那么问题来了，在触摸到它们之前，他是否能仅凭视觉区分哪个是立方体，哪个又是球体？

莫利纽与洛克都认为答案是否定的。洛克认为："乍看之下，这个盲人仅凭视觉，将分辨不出哪个是球体，哪个是立方体。"莫利纽自己也论证道："刚刚复明的盲人还没有获得类似体验，即在某种程度上影响触觉的东西，必然同等程度地影响视觉的经验，所以无法光凭视觉来判断物体的形状。换句话说，对视力正常的人来说，当我们触摸立方体的时候，如果立方体上有个突起的角不均匀地压迫触摸者的手，那这个角也会对触摸者的视觉做着同样的提醒。"

回应莫利纽

然而，这个问题并未被如此轻易地解决，而是激起了越来越多的热烈争论。1951 年，德国哲学家恩斯特·卡西雷尔将莫利纽问题描述为：18 世纪认识论及心理学的中心问题。根据《斯坦福哲学百科全书》所述："在知觉哲学的历史中，没有哪个问题（比'莫利纽问题'）引发过更多的思考。"

但对"莫利纽问题"，经验主义者通常给出否定的回答，由此产生了许多论辩。莱布尼茨论证到，在此问题上，原来对盲人所讲的物体细节将变得十分重要。如果事先告诉他观察对象为何，那他将会以自己的方式比较二者的几何信息（包含依据视觉以及触觉形式），由此推理出正确答案。比如，通过观察复明的盲人会发现，两者的不同之处在于：立方体有八个角，球体则一个都没有。

另一个反驳洛克的声音来自与他同时代的爱德华·辛格，他不仅将想象与感觉区分开来，且对观念与知觉做了区分。尽管触摸或观察一个立方体所得到的感觉是不同的，但涉及的概念是同一个：对视觉和触觉来说，"立方体"的概念是同一个。因此，在认识一个立方体的过程中，不论用了哪些感知能力，与"立方体"这一概念相关的能力只有一个。

切塞尔登男孩

莫利纽与洛克很可能认为，对这一思想实验的讨论也就这样了——因为在那一时期，关于"先天性目盲患者于后天恢复视力"的案例，有记载的简直是凤毛麟角。然而，1728年，外科医生威廉·切塞尔登对这样一个病例做了报告：有一位先天性目盲的14岁男孩，在他的白内障被摘除后，其视力奇迹般恢复了。当他接受莫利纽测试时，并不能区分球体与立方体。但这一实例并没有彻底解决这一问题。莱布尼茨早已预料到这种情况的出现，并提出了重要异议：当目盲者刚刚恢复视力时，陌生感带来的目眩和迷惑，让我们几乎不能对他立即通过这样一个测试抱有希望。

最近，一位先天性目盲的印度儿童借手术重见光明，他接受了莫利纽测试，结果与1728年并无不同，这无疑等同于公开宣布：对"莫利纽问题"的回答是否定的。在2011年的一篇论文中，麻省理工学院的理查德·赫尔德及其同事描述了这样一个测试：他们对5名年龄在8～17岁的孩子们进行了视力恢复手术。在此过程中，他们要求在不去看的前提下感受一块积木的"模样"。等孩子们的视力恢复，再为他们提供两块相似但不同的积木——其中一块是他们之前摸过的——要求他们只能从外观分辨之前摸过的是哪块。结果他们仅用了测试时间的一半就成功了，这个结果比预想中好很多。这可能表明，在感官中不存在先天性映射——不存在将有关形状的触觉知识传递到视觉领域的固有能力。后续的测试表明，孩子们很快（仅在几天之内）就可以获得在感官间创造交叉映射的能力。

可习得的映射优势

赫尔德认为，对于我们仍在探索的上述"交叉映射"（非先天或固有的），存在一个进化的基本原理："随着孩子的成长，他们的感觉器官经历了一系列的物理变化，外部世界在其中的表现也是一样。面对这样的变化，一个可习得的、不同形态间的映射带来的好处，远比一个先天的固有映射多得多。"

在德国图宾根的马克斯·普朗克生物控制学研究所，洛斯·万·达姆提出了一个稍有不同的解释。他指出："在莫利纽测试中，测试者快速提高的表现表明，在孩子们接受手术前，必要的'硬件'和'连接线'已经准备就绪，并被安置在他们体内（尽管永远不会被使用）。"这一观点可能还说明，上述新实验数据面临着与切塞尔登的案例相同的挑战。

意外考试悖论

1934 ~ 1944

———————

一位老师告诉她的学生，下周将有一场突击考试。学生们根据所学进度进行逻辑推理，认为还不到抽考的时候，因此，当老师真在周三安排了一场考试时，所有的学生都非常惊讶。

"意外考试"（或"考试者"）悖论还被称为"刽子手"（或"意外绞刑"）悖论、"预测"悖论或"瓶中怪"悖论。这是一个关于逆向归纳论证的例子，即从一个问题（或情况）的最后反向逆推到它的开始。当老师告诉学生们下周（换句话说，下周一到周五间）将有一场考试时，那将是一件令人意外的事，因为他们会作出如下推理。

接受意料之外的事

如果等到周四夜幕降临，老师还没有开始一场考试，那么考试必将安排在周五。但在这种情况下，学生们将料到考试会在周五进行，那老师的第二个前提——考试将是一场突然袭击，就被违背了。于是学生们得出结论：周五不可能有考试了。但这又意味着，如果周三前没有考试，那么周四就是唯一有可能考试的日子。问题在于，在这种情形下，考试同样不会是一场突然袭击，因此周四又被排除了。倘若学生们用此种方法对每一天进行推理，就会排除掉所有日子，这让他们满意地得出结论：一周中根本没有哪天能安排"突然袭击"式考试。想象一下，当老师在周三安排了一场考试时，学生们诧异的神情吧。

瓶中怪

这种形式的悖论最早可以追溯到瑞典数学家伦纳特·艾克波姆那会儿。1943 ~ 1944 年，当艾克波姆听到无线电广播发布的一段内容为"下周将举行一场突然的民防演习"的通知后，便与学生们共同讨论起了这个问题。该悖论的一个稍有不同的版本被称为"瓶中怪"悖论，其诞生于 1983 年罗伯特·路易斯·史蒂文森的短篇小说《瓶中怪》之后。这个寓言讲述了一个住在瓶子中、能给予任何买下瓶子的人巨大财富的小怪物。但"如果某人在卖掉它前死掉，就必须永远在地狱中承受烈焰焚身之苦"。特别是，瓶子必须以现金出售，但实际上它"根本卖不出去，除非亏本出售"。这些条件共同构成了一个悖论：一方面没有人利用过瓶中怪的力量；另一方面，如果所有可能的买家都是理性行为者，那将没人愿意买下它。同样，与连锁推理悖论类似，这一推理排除了"以任何价格购买瓶子"的情况。

相当无聊

1948 年，英国哲学家 D.J. 奥康纳在《精神》上发表了一篇文章，给出了关于"意外考试"悖论的第一版解释。他说这一问题"相当无聊"，声称老师最初的宣言是"自我否定"式预言：如果她没有宣称会有一场意料之外的考试，就能安排一场意料之外的考试。奥康纳将教师的宣言与某些句子做了对比，比如"我现在没在演讲"，并指出：尽管这些句子始终如一，但它们"在任何情况下都不可能令人信服"。英国哲学家 L. 乔纳森·科恩称其为"语用悖论"：一个因其自身表达而虚假的陈述。该悖论还被斥为"诡辩（基于错误的推理）"。比如，当周三夜晚降临时，接下来的两天仍可能会有考试，因此学生们并不知道会在哪一天考试。那么，如果考试被安排在周四，仍能算"意料之外"。

不管上述批驳怎么说，这个"相当无聊"的问题都拒绝悄然而去。1988 年，美国哲学家雷·索伦森的著作《盲点》面世，其中，他将该悖论描述为哲学的"重大问题"，而在 1998 年，美国数学家蒂莫西·Y.乔指出："迄今为止，有关此悖论的论文已发表了近一百篇，然而，我们仍未对解决其的正确方案达成一致。"

纽科姆悖论

1960

———

当两条有效的推理路线直接导向对立的结论时，选择哪条才是理性的呢？

1960 年，一直在关注"囚徒困境"的加利福尼亚物理学家威廉·纽科姆，为之设计了一个地狱般复杂的变体。到了 1969 年，美国哲学家罗伯特·诺齐克在一篇题为《纽科姆问题以及选择的两个原则》的文章中推广了它，由此，《哲学期刊》中的"纽科姆狂热"彻底爆发。

预言者

有人给了你两个盒子，一个是透明的，一个是不透明的。前者里装了 1000 美元；后者里要么装了 100 万美元，要么空无一物。他们准许你把这两个盒子带回家，然后要么两个盒子都打开，要么仅打开不透明的那个。而不透明的盒子是否装有 100 万美元，是在前一天由一台被称为"预言者"的强大计算机所决定的，它能通过分析大量的心理学变量来预测你的行为——特别是你到底会选择一个还是两个盒子。如果"预言者"预测到你将只选择不透明的盒子，它就会在里面放 100 万美元；但如果它预测到你会选择两个盒子，那不透明的盒子里就是空的。在该游戏的过往历史中，"预言者"每次都是正确的，那么等到你去做出选择的时候，盒子已经准备好了，而里面的东西不能改变。你应该两个都选，还是只选不透明的那个？

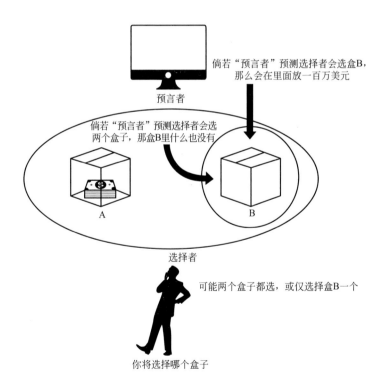

● Chapter Four　　　　　我们能够知道什么？　　　　　179

效用最大化 VS 优势原则

直觉上看，大多数人会支持"选一个盒子"，而用一种博弈论式分析方法——期望效用最大化（"效用"就是你想要的结果）对其进行分析，是非常有意义的。如果你选择了两个盒子，且"预言者"预测正确的话，你将仅能得到 1000 美元；但如果"预言者"是错误的，你将得到 1001000 美元。相对地，如果你只选择不透明的盒子，你将会得到 100 万美元或 0 美元。

即使我们假定"预言者"不是绝对无错的，而是猜 100 次有 99 次正确，我们同样能通过计算期望效用来判断哪种策略更受青睐。"选两个盒子"的期望效用是 0.99 × \$1000 + 0.01 × \$1001000 = \$11000；"只选不透明的盒子"的期望效用是 0.99 × \$1000000 +0 .01 × \$0 = \$990000。显然，"最大期望效用"论证更倾向于"只选不透明的盒子"。

然而，与之相反的推理也是有效的。当你做出选择时，盒子内的钱数就已经定了，而你的选择不会对其造成影响——不存在逆时间作用的逆因果关系，且"预言者"没有超自然能力。如果不透明的盒子是空的，说明在你做出选择前它就已经是空的了，你若选择只带它回家，将什么也得不到；反之，如果你选择把两个盒子都拿走，你将至少得到 1000 美元。另一方面，如果不透明的盒子装满了钱，你将得到 1001000 美元。所以不论哪种情况，"两个盒子都拿"将带来更好的结果。博弈理论家们称其为"优势策略"，而"优势原则"论证更倾向于"两个盒子都拿"。

装傻？

所以，存在两个导致对立结论的有效论证。诺齐克写道："（他曾向许多朋友和学生提出过该问题）对几乎所有人来说，该做什么是显而易见的。困难在于，在这个问题上，他们似乎被均匀地分为两派，其中的大部分人认为，反对自己的那一半人是在装傻。"

反驳该悖论的论证之一指出：该悖论是不连贯的。"自由意志"意味着，"预言者"不可能存在，因为预测某人"将在两个同等理性的行为间做出怎样的选择"是不可能的，特别是在得知选择在被做出前就已被预测到的前提下。然而，"抵消论证"允许"自由意志"的存在：未来是不确定的，但它是可知的。特别地，由于"预言者"知道你是理性行为者，而你将在此基础上做出选择，所以你的"自由选择"是可预见的。

荒岛困境

它是"纽科姆悖论"的一个变体，建立在美国认知科学家盖里·德雷舍的想法之上：你的船在一座荒岛上抛锚了，你也几乎快要饿死了，此时有个男人驾驶一艘帆船驶过。如果你许诺付给他你剩余生命中收入的90%，他就会营救你并将你送回陆上。有人会警告你，这个男人在测谎上很有天赋，所以，如果你没有真诚地做出承诺，他将留你等死。显然，为了逃避已注定的死亡，你将许诺给予男人任何他想要的。但同样明显的是，一旦他将你带回陆上，理性行为将会使你背弃承诺，而这反过来意味着你的承诺并不真诚。然而，当时你的生命正处于危险之中，不真诚的承诺将是非理性的（相关问题请参阅"布里丹之驴"），这似乎说明，你免不了在此时保持理性，却于不久后变得非理性。实际上，人类具有对未来的非理性行为做出承诺的能力，比如内疚、害羞和感谢等行为。因为我们清楚这样一件事：现在我们可以承诺某些行为是非理性的，而当未来我们有可能做出非理性行为时，这些情感因素会"信守承诺"，从而阻碍我们做出理性选择。

伍

CHAPTER FIVE

何为造就我们之物？

身份、变化以及真实性等错综复杂的问题一直在折磨古代人，而这些问题时至今日依旧令人着迷。面对持续不断的变化，身份怎样被保持？什么决定了自我边界？怎样知道实际上驱动我们的是什么？还有，倘若驱动我们的物品是真实的，这又有什么意义？从哲学到科幻小说描绘的未来愿景，这些问题始终存在，而思想实验和悖论刚好有助于探索此类问题。

连锁推理悖论

公元前 4 年

从一堆（如成千上万粒）小麦中拿走一粒，你将依然有一堆小麦。而再拿走一粒也不会改变这一点。所以，按照这个逻辑，你可以持续拿走小麦，直到只剩一粒，而那时你仍将有"一堆"小麦。

连锁推理悖论得名于希腊语的"堆"或"叠"一词——soros。它从看似浅显的前提开始，经过似乎不会引起争议的推理，最终得到一个明显错误的结论。连锁推理悖论属于一些哲学家口中的"渐进式论证"，其引发了由模糊且含混的概念造成的悖论。在这个例子中，"堆"即是模糊的概念：多少粒麦子能凑成一堆？"堆"的标准又是什么？

秃顶男人

公元前 14 世纪，在米利都的希腊哲学家欧布里德的研究中，

"连锁推理"悖论首次出现。该悖论的另一个版本与秃顶男人有关：对一个秃顶男人来说，多一根头发并不会使他"不秃顶"，那么再添一根，甚至继续加一根也不会。最终，一个荒谬的结论得以产生——这个男人长着 1 万根头发，可他仍是秃顶。连锁推理悖论是可逆的，同样的逻辑能够导致类似的结论，即"仅长着一根头发的男人不是秃顶"，或"1 万粒小麦并不算是'一堆'"。在现实世界中，像这样的"渐进式论证"可能存有映射。举例来说，在法律上，对于那些能引发混乱甚至诉讼的模糊范畴，就无法定义其锐边界。

堕胎时限

在关于堕胎的论辩中，"连锁推理路径"似乎能成为一个强有力的论证。许多人都赞同这样一个观点：在妊娠期满时堕胎是错误的，而在妊娠期满前一天堕胎依旧是错误的，这一观点看似无可争议。可接下来，连锁推理逻辑便开始生效了：照此逻辑，在妊娠期满前的任何时间堕胎都是错的。这确实是那些寻求确定在怀孕后多长时间内堕胎才能算是合法的人所面对的一个严重问题：比如，对 140 天大和 141 天大的胎儿来说，如果坚称他们应在法律上存有差异，从逻辑上看无疑是荒谬的，然而这恰恰是一些国家法律上对"禁止在怀孕 20 周后堕胎"的陈述。

解决"连锁推理"悖论的方法包括：否认该陈述（讨论中的命题）是含混的，即不论我们是否知道它们是什么，实际上都确实存在某种明确的边界；我们可以否认它是真实"事物"，比如，不存在类似"堆"的事物，"堆"只不过代表着某种程度。因此，"连锁推理"悖论与"意料之外的考试"（即"刽子手"或"瓶中怪"悖论）密切相关。

说谎者

欧布里德提出的最为著名的悖论是"说谎者"："有个男人说他现在正在说谎，这句话是真的吗？"我们可以将其简化为："这个句子是假的。"如果这句话是真的，那它同时也是假的，反之亦然。这一悖论的早期版本之一出自 16 世纪的希腊哲学家埃庇米尼得斯，他说："所有的克里特人都是骗子……他们的诗人之一如是说。"这个显而易见的悖论甚至被《圣经》引用。实际上，埃庇米尼得斯的版本并非悖论，因为诗人可能不会一直说谎（仅是因为他偶然说出了真相，并不意味着他不是一个惯于说谎的人）。后来，到了 1913 年，英国数学家菲利普·乔代恩（1879 ~ 1921）提出了该悖论的另一个版本——卡片悖论。该悖论中提到了一张卡片，它的一面上写着："卡片另一面的句子是真的。"而另一面上则声称："卡片另一面的句子是假的。"

忒修斯之船

公元 1 年

如果一艘船的各个部分都随着腐朽而被换掉，那么当所有部分都被替换时，它还是之前的那艘船吗？

同一性问题是哲学长期关注的问题之一。古代希腊人想知道，当时间的流逝不可避免地带来变化时，同一性怎么延续下来？当一个复合物体（由不止一种物质／部分组成之物）的构成发生变化时，它将如何保持同一性？根据柏拉图所说："赫拉克利特[1]认为，事物都是在向前运动的，因此没有一样东西是静止的。接下来，他将存在之物比作一条流动的河，并认为：你不可能两次踏入同一条河流。"这产生了一个悖论：所谓"相同"的河流实际上是不相同的，因为它的组成部分（也就是"水"）已经变了。

1　赫拉克利特：一位富有传奇色彩的哲学家，是爱菲斯学派的代表人物。他出生在伊奥尼亚地区的爱菲斯城邦的王族家庭里。他本来应该继承王位，但是他将王位让给了他的兄弟，自己跑到女神阿尔迪美斯庙附近隐居起来。据说，波斯国王大流士曾经写信邀请他去波斯宫廷教导希腊文化。著有《论自然》一书，现有残篇留存。

普鲁塔克[1]的有效实例

实际上，对赫拉克利特的认知更为直接的翻译是："对于那些踏入同一条河流的人来说，淌过的水流永远都是不同的。"这意味着赫拉克利特坚持"万物流变说"：事物都是在不断变化的，身份的连续性并不依赖于其组成部分的连续性。但这个观点可能会带来矛盾的结果，最著名的便是"忒修斯之船"。公元1世纪，普鲁塔克在他的著作《忒修斯的生活》中，首次记录了这一思想实验。

有这样一艘船，当年它曾载着忒修斯和雅典青年返航……雅典人对这艘船关爱有加，他们拆除了腐坏的旧木板，又铺上更新、更结实的木料，因此，这艘船得以被保存到德米特里厄斯时期（约公元前300年）。由于替换的木板如此之多，所以，每当哲学家们探讨有关变化中的物体的逻辑问题时，这艘船都成了解释此类问题的实例：一方认为这艘船依旧如故，而另一方主张它与原先不同。

随着木料一块块被换掉，直至其组成部分无一处于初始状态，那船还依旧如故吗？如果替换的木料（与原来）只是稍有不同——例如，它们都是粉色的——结果会有所不同吗？如果是这样的话，到底何种程度的不同可以被视作"身份改变"呢？比如，倘若一些替换木料的颜色比原来的木料略深，另一些则略浅，结果又会

---

1 普鲁塔克：罗马帝国时代的希腊作家，哲学家，历史学家，以《比较列传》（又称《希腊罗马名人传》或《希腊罗马英豪列传》）一书闻名后世。

如何？如果这艘船与之前已不相同，那它是从何时起不再是"忒修斯之船"呢？是在第一块木料被替换后吗？

霍布斯的第二条船

17 世纪的英国哲学家托马斯·霍布斯为这个古老的问题提供了一个有趣的变形：如果我们拿走被丢弃的木料，并用它们在别处造了另一艘船，结果将会怎样？现在我们有两艘船，它们都是"忒修斯之船"吗？究竟哪艘才是原来的"忒修斯之船"呢？该问题的另一种变形则设想出如下场景：忒修斯起航去往一个遥远的港口，临行前，他带了一整套替换木料上船。在航行的过程中，他逐步为船上的每个部分换上新木料，并丢弃旧木料。当他到达目的地时，他已经把船的所有部分都换掉了。那么，他抵达时所坐的船还是出发时那艘吗？如果不是的话，他又是在什么时候、用什么方法"换"了船的呢？

假设忒修斯正被他的宿敌——国王迈诺斯跟踪。在忒修斯身后，迈诺斯一边游泳，一边收集被丢弃的木料，并用某种方法造出了一艘与"忒修斯之船"完全相同的船。抵达时，迈诺斯的船停靠在忒修斯的船旁边，此时，两艘船中的哪艘才是原来的"忒修斯之船"，哪艘与出发时那艘一致呢？

穿越空间与时间

若想尝试解决此类悖论，方法之一是着眼于物理同一性的第四维度：时间。因此，倘若某个身份（的变化过程）在时空（即空间的三个物理维度与第四维"时间"相结合）中的路径是连续的，我们或许能认为它是持续的。如果我们将这一路径分成无数段，那么每一段即表示了该物体在任一时间段的状态。当然，它可能从某一段转到另一段上，但如果它具有时空连续性（在时间与空间中连续，即它的变化过程在时空中的路径是连续的），其身份就会保持不变。但该方法也可能遭到挑战。假如忒修斯将他的船全拆了，并把所有组件以平板形式打包，让它从雅典漂到纽约，等到了那边再重新组装，结果会怎样？这艘在纽约重新组装的船不再具有时空连续性，那它与雅典那艘船一样吗？如果它是一辆折叠式自行车而非一艘船，相信大多数人都认同：两座城市中的自行车是同一辆。因此，该例再次说明，事物组成部分的连续性似乎决定了其同一性。

第四维的失败

假如一伙窃贼用了很长时间，巧妙地偷取了颇具历史价值的贵重工艺品——忒修斯之船：他们夜夜闯入博物馆，用一块新木料替换船上的一块旧木板。结果会怎样？几个月后，窃贼成功地替换了所有木板，并在秘密巢穴中用偷来的木板又造了一艘船。那么，古董收藏家将渴望购买两艘船中的哪一艘呢？是博物馆中由新木板组成的那艘，还是秘密巢穴中的那艘？在这种情况下，组件的连续性明显胜过了时空的连续性，而后者无助于解决悖论。

"忒修斯之船"问题在现实中有许多映射，比如人类的身体。你身体中的大多数细胞每隔几天或几周就会被替换掉，即使是那些未被替换的，组成它的蛋白质以及其他分子也会被替换并再生，所以，就你的组成部分而言，你甚至不同于几周以前的你。那么你身份的连续性属于何处？类似的问题在"帕菲特的传送门"思想实验中也得到了讨论。

"祖父的斧头"以及"被压扁的雕像"

　　对于"身份认同危机"问题，人们用多种思想实验做了复述，其中一些为人所熟知，比如美国的"祖父的斧头"（把斧头跟斧柄都换掉）或"雅诺的刀"（把刀身跟刀柄都换掉）。其中一个颇受欢迎的版本是"黏土与雕像"问题：如果一块黏土被压扁了一点点，那它仍能保持同一性，但若是一位雕刻家用模具将它做成一座雕像呢？"雕像"和"黏土"的组成的确是一样的，但它们是相同的东西吗？如果雕像被压扁了，它还和原来一样吗？它变回了和以前一样的黏土吗？为何其中一个身份"块"能在被压扁后幸存，而另一个身份"雕像"就不能呢？

普特南的"孪生地球"

1973

——

假如存在某个平行世界，那里被称为"水"的东西与我们现在所说的"水"有着截然不同的化学式。那么即使你和你所在的那个平行世界的孪生体正在思考同一件事物，但当你说到"水"时，你们所指的也是两种完全不同的事物。

在语言哲学与心灵哲学中，意义都是非常重要的。在心灵哲学中，意义被认为是意识的本质。从本质上讲，思想、经验以及意识可能存在的其他所有形式，均以"与某物相关"为特征，这种特性被称为"意向性"。这就是为什么我们会问某人正在思考"什么"：思想有意义，它们总与某种事物有关。同样地，在语言中，意义是本质：语言由语法（语法规则）和语义（意义）定义。

内涵与外延

那么，这个"意义"究竟位于何处？标准的语义理论被称为"语义论", 其认定意义首先是内在的（即存在于心灵之中, 或在心灵之中构造, 和存在于外部世界之中相反）。它认为, 词语（即"描述事物的词"）有内涵（意义）及外延（内涵指称的指示物或事物）。所以, 如果两个词语有相同的内涵, 它们必然有相同的外延（也就是说, 它们必然适用于同一事物集合）, 但如果它们适用于不同集合的事物, 它们必然有不同的内涵（意义）。"语义论"还主张, 内涵是心理实体或心理状态, 所以, 当两个拥有同样心理状态的人思考某个词时, 这个词必然有同样的外延。也就是说, 当他们用某个词来意指某事时, 从想要表达的内容上看, 他们必然意指相同的事物。

美国哲学家希拉里·普特南论证到, 这一有关心灵状态的结论不可能为真, 因此"意义的传统概念是个依赖于错误理论的概念"。他用一个非常有影响力的思想实验来证明了自己的观点。在这个实验中, 他邀请读者想象一颗地球的孪生行星: 它的各方面几乎都与地球完全相同, 就连使用的语言也包括在内。

不同的液体

然而, "孪生地球"的特质之一在于: "被称为'水'的液体不是 H_2O, 而是一种不同的液体……（它有着不同的化学式）XYZ……"来自地球的游客最初将假定"在地球与孪生地球上, '水'有着相同的意义"。对于造访地球的"孪生地球"公民也是一样: 只有当他们对地球上的水进行化学分析时, 才会发现自己的错误, 并意识到他们口中的"水"所指的物质与地球的"水"不同。

"现在，让我们将时间拨回到 1750 年左右……（当时人们）并不知道水是由氢和氧组成的。"普特南提出。在这种情况下，一个地球人与她在"孪生地球"上的对应者（与她完全一样）所拥有的关于"水"的认知是绝对一致的：她们的精神状态完全相同，而且由她们的内涵组成的"心理实体"也完全相同。"然而，同 1950 年一样，在 1750 年，'水'这个词的外延还是 H_2O。"

语义外在主义

在否定了词语的意义是外部世界的某种功能后，普特南总结道："大可随心所欲不逾矩，只因意义不在脑海里！"这个理论被称为"语义外在主义"，因为它将词语的意义及其表达的概念外在化。

普特南认为，对于科学哲学以及"现实"这一概念本身，"语义外在主义"都具有重要影响。他援引"金"为例，指出：过去，尽管没有人知道元素、原子和分子，但"水"仍指称 H_2O；同样地，对于"金"来说，尽管当时的人们通过大相径庭的方式（比如颜色或不溶性）来定义它，但"金"仍指称相对原子质量为 79 的元素。实际上，尽管当时人们无法区分真黄金与"愚人金"[1]（黄铁矿），但"金"这个词指称的，是普特南口中事物的"同一自然种类"。"语义外在主义"还意味着，必然存在某种如同"客观现实"之物，其独立于"主观研究"。这一结论对诸多领域都有深刻的启示，就比如量子力学这种否认确定性（与"概率性"相反）"客观现实"（参阅"薛定谔的猫"）的领域。

---

[1] "愚人金"：Fool's Gold，二硫化铁，通称二硫化亚铁（ferrous disulfide），化学式 FeS_2。

罗伯特·诺齐克的体验机

1974

——

想象一下，倘若存在这样一台机器，它能给你一种使你信服的虚拟人生——让你置身其中，让你拥有非凡的经历以及无止境的愉悦。那么，你会放弃真实的生活并永久接入该机器吗？

我们应该怎样生活？究竟是什么造就了美好生活？答案之一由享乐主义的信徒给出：人应该追求快乐的最大化。18世纪，英国哲学家杰里米·边沁创立了功利主义——一种基于"只有愉悦才是善"的哲学。根据功利主义的享乐主义哲学观，决定某种体验是否有助于幸福的就是它的愉悦性。边沁提倡的"享乐主义微积分"追求愉悦的最大化以及痛苦的最小化。

还有什么要紧事？

对于此种享乐主义设想——愉悦体验是个人幸福的主要仲裁

者，美国哲学家罗伯特·诺齐克有着不同意见。他向"幸福应只依赖于主观的个人体验"这一观点发起了攻击。他想知道，除了"对生活的内在感受如何"外，"对于我们来说，还有什么要紧事"。为了探索这一问题，诺齐克提出了一个思想实验，该实验与一台"能提供任何你想要的体验"的体验机密切相关。他想象了一台包罗万象的虚拟现实产生器，它能使你"认为并感觉自己正在创作一篇伟大的小说或交朋友或阅读一本有趣的书"。然而，在现实中，你只不过漂浮在一个水槽里。"你应该终生与这台机器相连吗？"他问道。

一种自杀

诺齐克认为，大多数人将不会采纳这个建议并拒绝机器的邀请，理由有三。首先，人们想要实实在在地做事，而不仅是体验它们。其次，人们渴望"有特定的行为方式……成为特定种类的人"。第三，人们并不想让自己封闭在某种人工现实之中：他们更为看重真正的现实。"在水槽中漂浮的某人是一团不确定的模糊物，"诺齐克警告道，"与机器永久相连是种自杀。"

该思想实验的关键点不仅表明大多数人将选择真实生活而非愚人的天堂，而且还表明，真实性才是人们的"要紧事"，也是受重视之物。诺齐克力图反驳他眼中享乐主义的核心设想——人们应做的是能带给他们最大快乐的事。因为大多数人会选择以"不那么快乐"的方式生存而非与机器相连〔也就是说，（人们会）选择一种并未将快乐最大化的真实生活，而非机器那虚拟的享乐主义］，所以诺齐克断定，享乐主义必然是错误的。快乐绝非幸福的终极度量。"我们知道，除了体验以外，还有些重要的事，"诺齐克总结道，"通过想象一台体验机的存在，我们才能意识到自己将不会使用它。"

欲望理论

诺齐克的攻击集中在所谓"幸福的标准"—— 即有关愉悦体验的"福利享乐主义"哲学上，这使得他提出了一种替代品：欲望理论。欲望理论假设幸福的标准应是欲望的实现，但你在体验机中时，这个欲望依然无法得到满足。比如说，你可能希望写一篇具有跨时代意义的小说，而机器的确会带给你这种虚拟的体验，但实际上并无法帮助你真正创作出一部小说（将语义与外部世界联系起来的外在主义哲学支撑了其有效性——参阅"普特南的'孪生地球'"）。

然而有些人却认为，在诺齐克的"体验机"论证中，"欲望理论"恰恰是致命缺陷。他的思想实验仅通过假定"欲望理论"是有效的来反驳福利享乐主义。美国哲学家哈里特·巴贝尔将此种假定称为"优先主义"，并且认为"体验机"论证是循环推理：只有在假定"优先主义"有效的情况下，该论证才成立，但在该实验中，"优先主义"恰好是需要被验证的东西。"优先主义者从该思想实验中一无所获，因为它预先假定'优先主义'，所以不论结果如何，都不能给它提供任何进一步的支持。"

"传送点复制品"悖论

1984
———

如果比尔踏入地球上的某个传送点，而当他走出去时，发现自己在火星上。大多数人都同意，火星上的比尔和地球上的比尔具有身份连续性，然而，倘若"传送"被"复制"替代又会怎样呢？

"什么决定了个体身份的连续性？"自"忒修斯之船"出现之后，这个问题已经成为哲学中的一个难题。莱布尼茨制定了一种逻辑规律来说明它：对 A 和 B 来说，当且仅当它们的所有特性都相同时，A 与 B 才是同一的。但自从赫拉克利特与他的河流出现之后，大家意识到，永恒是不可能的，而变化是必然的：明天的她和昨天的她是不同的，但她依旧是同一个人。

皇帝

对该问题的一种回应是——遵循我们的直觉。莱布尼茨提出过一个有关皇帝的思想实验：

假设某人突然成了一个国家的帝王，但唯一的条件是，他就像是新生，忘记了自己以前是谁。实际上这不就等同于在同一时间、同一地点，他这个人被消灭，而一位新皇诞生了吗？

对这一问题，我们会本能地回答"是的"。如果某人没有记忆或关于某一个体任何其他形式的心理连续性，即使那一个体与他处于同一身体之中，这一新个体也可能是与之前的他截然不同的人。类似地，如果你的身体被摧毁了，但恰好在那一刻，你的心灵被传送到一个机器人的躯壳之中，它因此拥有了你的记忆和个性。那么，其他人会本能地认为你"依旧"是你，只不过是以机器的形式存在罢了。

健忘的将军

然而，这里的心理连续性是在何处组成的？它依赖于记忆的连续性吗？18 世纪的苏格兰哲学家托马斯·里德向该争论发起了挑战。

假设有这样一位英勇的军官，当他还是一个小学生时，曾因在一座果园盗窃而被鞭笞。在他参加的第一场战役中，他就勇猛地从敌人那儿夺取了一面旗帜。而在年老之时，他终被授予将军军衔。同时我们还假设，当他夺取敌方旗帜时，他才意识到自己在小学时被鞭打过；而当被授予将军军衔时，他才意识到自己曾夺取过敌方旗帜，但又完全失去了被鞭打过的记忆。

在这个例子中，这位将军没有小学时代的记忆，因此其记忆并不连续，但我们仍会认为他们是同一个人。

1775 年，里德提出了另一个思想实验，来探索以心理连续性为基础的身份理论的某个分支，这个思想实验遥遥领先于它所在的时代。

假设我的大脑丢失了它的原始组织，而在数百年后与该组织同样的物质被精巧地制造出来，最终成了与我几乎相同的理性存在，我是否能认为这一存在就是"我"；若有两到三个与之相同的存在，它们是否全都是"我"，乃至与"我"完全相同的理性存在？

帕菲特的传送门

到此，里德认同心理连续性理论所暗示的"复制品"悖论：倘若我们可以创造两个以上的个体，并让每一个体都与前一个具有心理连续性，他们的身份连续性难道不该是一致的吗？1984 年，英国哲学家德里克·帕菲特在其著作《理与人》[1] 中，提出了该思想实验的一个更新潮且更有名的版本，其中涉及一个被他称为"传送门"的传送装置。

帕菲特想象了某种情境，在那里，他能从地球传送到火星：当他踏入一个可记录"我所有细胞的精确状态"的扫描器时，他

---

[1] 《理与人》：由上海译文出版社出版，作者是英国人德里克·帕菲特（Derek Parfit）。该书主要讲述了作者围绕"理"与"人"这两个主题，深入细致地分析并指出人们对自身本性和行动理由的把握中存在的许多虚妄之处。

的大脑和身体会瞬间毁灭。然后，扫描器会将全部信息发送给火星上的复制器，后者会使用当地的物质重新构建他的身体，这一过程小到原子层面。新的身体同在地球上被毁灭的那个身体完全一样，因此将会拥有完全相同的记忆、人格和意识。就好像他失去了片刻意识，但过会儿就醒来了。

火星上的帕菲特将认为，他有意识的连续性，因此他与地球上的帕菲特在身份上也具有连续性，但实际上他是一个全新的存在。其他所有人将认可他拥有身份的连续性，然而，这样做对于"当即原子化"的地球上的帕菲特又有多少好处呢？虽然如此，大多数人都本能地认为，火星上的帕菲特与地球上的帕菲特是同一个人。

幸存者为何

对上述思想实验的一个小扭曲，使得"复制品"悖论诞生。我们将传送门进行了升级，现在它无须毁灭地球上的使用者，而只是复制他／她。然而，当我们给予火星上的帕菲特"帕菲特"的身份时，其状态与前面的情境相同。所以，我们被迫得出矛盾的结论：地球上的帕菲特与火星上的帕菲特都是帕菲特。帕菲特论证到，重要的并非个人身份是否通过时间持续，而是什么特性——心理及物理上的——能幸存下来。

对"复制品"悖论的回应之一，是接受身份的"肉体延续"论——其将身份与人的肉体联系到一起。然而，这个理论遭遇了

"忒修斯之船"的问题：假如你的大脑被移植到一个新的身体中将会怎样？需要保留你身体的多少才能满足身份的连续性？与"忒修斯之船"一样，解决这些问题的方法之一，是认为个人身份具有四维属性——其在时间上是连续的，就和在空间中一样。不过这将排除个人身份于传送过程中幸存的可能性，并导致了个体在时空上的不连续（至少在地球和火星间传输的三分钟内，帕菲特不存在于任何地方）。